走近新科学

生命

主 编：王学理

吉林出版集团股份有限公司
全国百佳图书出版单位

图书在版编目(CIP)数据

生命 / 王学理主编. -- 2 版. -- 长春 : 吉林出版
集团股份有限公司, 2011.7 (2024.4 重印)
ISBN 978-7-5463-5745-4

Ⅰ. ①生… Ⅱ. ①王… Ⅲ. ①生命科学–青年读物②生命
科学–少年读物 Ⅳ. ①Q1-0

中国版本图书馆 CIP 数据核字(2011)第 136905 号

生命 Shengming

主　　编	王学理	
策　　划	曹　恒	
责任编辑	息　望	
出版发行	吉林出版集团股份有限公司	
印　　刷	三河市金兆印刷装订有限公司	
版　　次	2011 年 12 月第 2 版	
印　　次	2024 年 4 月第 7 次印刷	
开　　本	889mm×1230mm 1/16　印张 9.5　字数 100 千	
书　　号	ISBN 978-7-5463-5745-4	定价 45.00 元
公司地址	吉林省长春市福祉大路 5788 号　邮编 130000	
电　　话	0431-81629968	
电子邮箱	11915286@qq.com	

编者的话

科学是没有止境的，学习科学知识的道路更是没有止境的。作为出版者，把精美的精神食粮奉献给广大读者是我们的责任与义务。

吉林出版集团股份有限公司推出的这套《走进新科学》丛书，共十二本，内容广泛。包括宇宙、航天、地球、海洋、生命、生物工程、交通、能源、自然资源、环境、电子、计算机等多个学科。该丛书是由各个学科的专家、学者和科普作家合力编撰的，他们在总结前人经验的基础上，对各学科知识进行了严格的、系统的分类，再从数以千万计的资料中选择新的、科学的、准确的诠释，用简明易懂、生动有趣的语言表述出来，并配上读者喜闻乐见的卡通漫画，从一个全新的角度解读，使读者从中体会到获得知识的乐趣。

人类在不断地进步，科学在迅猛地发展，未来的社会更是一个知识的社会。一个自主自强的民族是和先进的科学技术分不开的，在读者中普及科学知识，并把它运用到实践中去，以我们不懈的努力造就一批杰出的科技人才，奉献于国家、奉献于社会，这是我们追求的目标，也是我们努力工作的动力。

在此感谢参与编撰这套丛书的专家、学者和科普作家。同时，希望更多的专家、学者、科普作家和广大读者对此套丛书提出宝贵的意见，以便再版时加以修改。

目 录

物种的分类

　　在我们的地球上生活着几千万种生物。那么，人类怎样来区分它们呢，这就涉及对动物或植物乃至微生物的分类。生物的最基本单位叫种，相近的种集合起来就叫属，相近的属集合起来叫科，而科隶于目，目隶于纲，纲隶于门。从大到小即门、纲、目、科、属、种。由于相近的一门动物或植物中又可划分出不同的类群。所以，在分类中根据需要，也是为了研究方便又划分出亚门，同样也有亚纲、亚目、亚科、亚属。种有时由于地域和生存条件的变化也产生一些变化，因而又存在亚种、变种，有时根据人为定向培育之后，又可出现同种异型即品种等。

　　我们以家犬为例，它在分类中属于哪一类呢，它属于脊椎动物门、哺乳纲、食肉目、犬科、犬属。这就是它的谱系。再比如苹果是属于哪类的？它属于种子植物门、被子植物亚门、双子叶植物纲、原始花被亚纲、蔷薇目、蔷薇科、苹果属、种为苹果。科学家们根据生物的特征分别制定了各种检索表，学会了使用检索表，地球上的一切生物就不难找出它们的家族谱系，也会确定它们的名字了。

地球之初

46 亿年前，当地球自宇宙大爆炸从太阳系中脱颖而出的时候，它还是个表面具有几千摄氏度高温的炽热的火球。那时的地球表面到处翻滚着火红的岩浆，整个地球如同一个沸腾的钢炉，红流滚滚、火花飞溅。地球几乎每时每刻都在发出山崩地裂一样的抖动，冲天的岩浆腾起道道火柱，天空充满浓烈的烟尘，时而电闪雷鸣，暗淡无光的太阳躲在远远的高空，天昏地暗，暴风狂吹……这就是开天辟地的初期，也是地球刚刚诞生时的情景。

大约到了距今 34 亿年的时候，地球内部积蓄的能量渐渐地得到释放，地球的活动也慢慢减少了，变弱了。结果是地球表面温度不断下降，夹在高空寒流与地球之间的大气层的温度也随之不断下降，地球表面的岩浆逐渐地凝固了，原来沸腾的"火炉"不见了，取而代之的是坚硬的地壳。由于地壳本身阻断了地球内部温度继续向外传递，大气层中的温度下降得十分显著，被喷发到空中的各种化学物质在气温达到它们的冰点之后，纷纷变成固态尘埃，有的在温度下降过程中从气态变成液态，氢和氧化合成水，成为水蒸气弥漫在大气层中。当天空中大雨滂沱的时候，夹杂在尘埃中的各种化合物也随降雨来到地面。尘埃淤积到平地，雨水汇集到川谷沟壑，久而久之，地球之上就有了江、河、湖、海，就有了高山、盆地、丘陵和平原。

生命起源

在地球初始阶段，空气中充满各种元素，如碳、氢、氧、氮、磷、硫等。这些元素在宇宙射线的作用下，在电火花的刺激下，不断地进行着化合作用，组成新的物质。比如氢和氧结合成小水汽，飘散在空中；碳和氢结合成氨、甲烷；硫和氢化合成硫化氢以及碳、氢；氮化合成氰化氢等。

科学家认为，在宇宙射线和雷电的作用下，氨基酸的合成是可能的。这已被科学家所证明。1953年，美国科学家米勒根据这一推断设计了一套密封装置，他将装置中的空气抽出，分别装入氢、氨、甲烷和水蒸气，并连续制造闪电放出电火花，结果装置中真的检验出氨基酸。

当这些化合物和单质元素随降雨来到地面集聚到海洋时，它们在水中聚集或缩合，形成氮碱、戊糖和磷酸，最后氮碱、戊糖和磷酸又组成核苷酸，而众多核苷酸通过磷酸酯链连接就成了核酸。

有了蛋白质和核酸，就有了细胞形成的基本条件，许多简单的单细胞生物，就是细胞膜包裹着蛋白质和核酸，形成最原始的细胞质和细胞核。

1996年，清华大学赵玉芬教授证实了磷酰化氨基酸是生命的种子。这样，生命的起源问题也就找到了满意的答案。

细 胞

最早出现的细胞结构很简单,它们只不过是被一层有机膜包着的由氨基酸、核苷酸组成的蛋白质与核酸基因。进化完整的细胞,最外层是细胞膜(植物细胞为细胞壁),内有细胞核,细胞核包在核膜里。细胞膜与细胞核之间是细胞质,细胞质是蛋白质;细胞核的主要成分是染色体,组成染色体的是核糖与核酸。

细胞是组成生物体的最小单位,小的只有几微米,很难用肉眼看到。细胞虽小,组成细胞的蛋白质却十分复杂,生物体越高级,蛋白质种类也越多。比如最简单的细菌,它的细胞内蛋白质的种类,也至少有 500~1000 种。人体细胞内的蛋白质要超过 1 万种。

人类对细胞的研究是在显微镜出现以后。但是,一般的显微镜还看不到细胞核内部的构造和变化,到了 20 世纪 60 年代,电子显微镜出现了,这才使细胞学研究有了长足的发展。特别是基因工程几乎家喻户晓、妇孺皆知,其实,基因工程就是细胞工程。

研究细胞都包括什么? 简单地说主要是研究细胞的结构和功能、细胞的分裂和分化、细胞遗传与变异,也包括研究细胞的衰老与病变等。

细胞学的发展最近又形成了几大分支,这些分支学科主要包括细胞形态学、细胞遗传学、细胞化学、细胞生理学和分子细胞学。

细胞的演化

距今6亿~5亿年间，地球又进入了新的活动期，这个时期在地质年代上叫寒武纪。处在水中的原生生物面临着恶劣环境的巨大考验。地震、海啸、火山爆发频频发生，无休止的惊涛骇浪使这些弱小的原始生命随时都可能被击得粉身碎骨。在进化过程中那些单细胞群体，像盘藻、团藻，由几十个到几万个细胞紧密地贴接在一起，它们的体积大、重量大，容易离开上层水面而躲避到较深的、相对平静的水中，这使它们大难不死。而那些只有一层表皮细胞联合的群体，则被风浪撕扯破碎。再就是靠表皮细胞吞噬食物的营养方式已经难以满足增长的需要，也面临淘汰。环境迫使原生生物向三个方向进化，那就是大体积、多层细胞、有食物腔，这就是后来生物学家梅契尼柯夫描绘的吞噬虫、赫克尔描绘的原肠虫以及格拉福描绘的浮浪幼虫三大学说。

简单的三个学说，通过精辟的科学描述，就把数以亿计的原生生物类群从简单到复杂、从低级到更高一层演化的客观规律描绘得淋漓尽致，使争论了多年的原生生物到腔肠类、扁形类过渡的学术观点令人信服地统一到"三个学说"上来，平息了争论，开创了原始生命进化研究的新局面。

原生生物

　　原生生物是地球上最早出现的生物,它们的特点有三个:一是种类繁多,二是形态多样,三是分布极其广泛。

　　说它种类多,原生植物不算,仅原生动物包括鞭毛虫类、肉足类、孢子虫类和纤毛虫类这四大类原生动物就有3万种以上。

　　说它形态多样,那更名副其实。除原生生物外,几乎再没有任何生物类群在形态和结构上存在如此悬殊的差异,表现出如此不同的变化,因为原生动物的团藻和表壳虫,一个上万个细胞围成的空心球体,表面布满由每个表层细胞伸出的鞭毛,酷似披刺的圆球。而表壳虫在半圆形的躯体下还有几支伸缩自由的足,看上去像个长腿的香菇。这在其他动物界是绝无仅有的。

　　说它分布广,就更准确不过了。空气、土壤、江、河、湖、海、泥土、沼泽中几乎无处不有,无时不在。就是动植物的身体上,也未能逃过它们的寄生。

　　原生生物个体小,极易获得足够的食物,也容易满足栖息条件,几乎随遇而安,加上它们不同的繁殖方式,极富繁殖能力。繁殖快、好传播、便于扩散,所以,原生生物在它们问世后的10亿年间得到了极大发展,几乎充斥了地球上的每个角落和空间。

　　科学家们肯定了这种分布状态,认为这正是生物多样性的基础。

鞭毛虫

原生动物中的鞭毛虫，因身体的一端长有鞭毛而得名。鞭毛是这些早期生物的运动器，鞭毛不停地摇曳，可以使身体运动，也可以将食物驱赶到身体旁边以便吞噬，它们游弋在水中，是一个特殊的群体，生物学家称它们为浮游生物。

如海洋中鞭毛虫类的夜光虫、沟腰鞭毛虫、裸甲腰鞭毛虫等。这些鞭毛虫非常喜欢有污染物的水生环境，一旦环境有利于它们的生长与繁殖，它们便会在较短的时间内进行大量繁殖。原来澄清的碧蓝海水，几个昼夜就会被这些鞭毛虫盖满水面，这些鞭毛虫相互紧密地挨在一起形成一层厚厚的"被"，严严实实地罩在海水表面，有时竟能长宽达几海里或几十海里。最后，无休止的繁殖必然导致它们缺氧而大批死亡，而同时受害的是水中的其他生物和沿岸的居民。这又是为什么呢？因为，水中缺氧，必然也导致其他水生生物的死亡，而鞭毛虫的尸体和其他水产品的尸体在水中腐烂、分解，发出的冲天臭气，使沿岸百姓叫苦不迭，更不用说依靠打鱼为生的渔民。他们碰到这种情况常常一无所获，经济损失惨重，这就是人们通常所说的"赤潮"。

腔肠动物

腔肠动物的主要代表是水螅、水母和珊瑚,有9000多种。水母和珊瑚人们并不陌生,食用的海蜇就是水母的一种,饰物中的珊瑚就是珊瑚虫的骨骼。

在动物进化过程中,海绵动物是个侧枝,或者叫盲端,几乎再没有什么动物是从海绵类演化而来的。但是腔肠动物则不然,它是生物进化的正宗脉络,是主枝,它也是第一个出现的后生生物。

从腔肠动物的个体发育看,一般都经过浮浪幼虫阶段。因此,腔肠动物的祖先是与浮浪幼虫相似的群体鞭毛虫,这些鞭毛虫的表层细胞,内移后形成原始的两胚层动物。它们有真正的体细胞分化,比如水螅的表层细胞也叫外胚层,已分化出皮肌细胞、间细胞、感觉细胞、神经细胞、腺细胞和刺细胞等。内胚层则分化出内皮肌细胞、营养肌肉细胞。

发展到珊瑚纲,大多数种类都具备了骨骼,它是由外胚层细胞分泌形成的,海洋中的珊瑚礁、珊瑚岛都是石珊瑚骨骼长期堆积的结果,

在八放珊瑚亚纲,由外胚层的细胞移入中胶层中成为造骨细胞,每个造骨细胞分泌一条石灰质骨针,这些小骨针存在于中胶层或突出体表,如海鳃。有的小骨片互相连接成管状骨骼,如笙珊瑚;有的骨针或骨片愈合成中轴骨,如红珊瑚。

扁形动物

　　比腔肠动物先进又比线形动物原始的是扁形动物，它们大约有1.5万种，主要分三大类：涡虫类、吸虫类和绦虫类，代表种是真涡虫、日本血吸虫和猪绦虫。

　　涡虫，多海生，体不分节，但体表具有纤毛，消化系统不完全，在水中自由生活。

　　吸虫，寄生生活，体不分节也无纤毛，消化道比较简单，口端有吸盘，能固着在寄主体内或体表。

　　绦虫，寄生生活，体分节，消化道退化消失。

　　这三类以涡虫最原始，出现得也最早。海生的涡虫有旋涡虫、平角涡虫等，淡水中有真涡虫，而微口涡虫、笄蛭涡虫则生活在湿土中。

　　吸虫多为叶片状，是人与其他动物的重要寄生虫，如三代虫、指环虫、华支睾吸虫、肝片吸虫、布氏姜片虫、日本血吸虫、魏氏并殖吸虫等约3000种。

　　日本血吸虫是三种血吸虫（埃及血吸虫、曼氏血吸虫）中在中国流行的唯一一种，除中国外几乎也遍及热带、亚热带50多个国家，受威胁人口多达2亿人。

　　猪绦虫白色，带状，全身700~1000个节片，2~8米长。它头顶有两轮小钩25~50个，4个吸盘，咬住寄主绝不脱落，即使全身被拽掉，只要颈节后还有一节，就还能再长成近千节的长绦虫。

线形动物

　　线虫是动物界中庞大而复杂的一个类群,它与腹毛虫、轮虫并列为线形动物门之中,是最主要的本门代表。目前已知线虫1万~1.3万种,由于它们常常以动植物以及人作为其寄主,所以,有有益的一面,也有有害的一面,这引起研究上的关注。

　　线虫体圆形,柱状,有的梭状,中间长、两头尖,雌雄异体。它们大小不等,生活方式也不一样,大的可达1米,小的仅有0.5毫米。线虫有的生活在海水之中,有的寄生人或生物体内,如人体寄生的蛔虫、蛲虫,昆虫体内寄生的新线虫、肾膨结线虫和麦地那线虫,某些松树干内寄生的松材线虫,还有十二指肠钩口线虫、美洲板口线虫、小麦线虫等等。

　　线虫的进化特点表现在桶状体形上,是动物最早具有的假体腔。

　　线虫的发育分卵、幼虫、成虫三个阶段,卵椭圆形,受精后被卵壳包裹着,幼虫发育过程中经过数次蜕皮变为成虫。

　　线虫虽小,其利有限,其害甚大,线虫类的研究开发大有潜力可挖。利用线虫防治某些害虫将来可能会发展成一大产业,大有可为。

环节动物

　　动物演化到环节动物才具备了真正的体腔，如蚯蚓。环节动物是早期出现动物中种类最多的动物，已知种类在 3.5 万种以上。

　　环节动物包括多毛类、寡毛类、蛭类三大主要类群。

　　以多毛类为例。为什么叫多毛类?什么叫毛，长在哪儿?比如沙蚕，它的身体由几十个体节组成，每个体节两侧都生有一个叫片状的突起，叫疣足，疣足的边缘带"刺"，又叫刚毛。沙蚕靠它行走，靠它游泳，行动起来像无数只桨划船一样，很有趣。就是有了这些像桨又像毛的疣足，所以叫它们多毛类。除了沙蚕，还有头部退化的毛翼虫、龙介虫、螺旋虫等，不少于 5000 种。

　　多毛类形态差异很大，体长可从 1 毫米到 3 米不等，并具有各种各样鲜艳的颜色，体的前端有能感觉的原始的眼和咽，咽内有一对颚用来捕食。值得注意的是多毛类中有的种类对人类同时也有害处，如沙蚕、养贝、牡蛎、竹蛏等海产养殖业，贝苗、牡蛎、竹蛏等幼苗是沙蚕的食物，防不住沙蚕，养殖也会前功尽弃的。龙介科的石灰虫附着渔船的船底，不但影响船速，也容易引起船板腐烂。

寡毛类——蚯蚓

蚯蚓种类多，形体差别大，颜色也不一样。像水丝蚓只有几毫米长，而大的环毛蚓可达1米。我们常见的爱胜蚓只有5厘米左右。蚯蚓的颜色变化较大，像水丝蚓、爱胜蚓，包括日本的赤子爱胜蚓，基本呈褐红色、粉红色和暗红色，而环毛蚓土黄偏肉色，南方森林中有的绿色，有的蓝色，长白山产的日本杜拉蚓则粉黄色。

与扁形、线形动物比，环节动物要进化得多。它不但有完善的口和肛门，有消化道——肠，而且有排泄生殖系统，雌雄异体。从繁殖率来看，蚯蚓可谓繁育能手，一对雌雄蚯蚓一年可繁殖上万条后代，蚯蚓所含的蛋白质占体重的63.71%(干物质)，超过秘鲁鱼粉。它富含人体所必需的8种氨基酸。因此进行人工养殖蚯蚓，是获取动物蛋白质的正确途径。

蚯蚓的价值是不容低估的，除了它作为动物蛋白质的来源，可能开发利用在食品、轻工养殖等行业外，蚯蚓还有以下几方面突出用途：第一，蚯蚓是农业生产的天然朋友，蚯蚓多的土壤也肥沃、疏松，有利于作物生长。第二，蚯蚓是环保卫士，如果在垃圾里放养蚯蚓，只要把金属、塑料、砖、石拣出来，用不了多久，原来的垃圾场就变成了肥料场。第三，蚯蚓是上好的动物性蛋白质饲料添加剂的资源。第四，水中寡毛类也是净化水质的重要生物资源。第五，蚯蚓可入药。

软体动物

在动物进化过程中,软体动物出现得比环节动物晚,结构也比环节动物复杂、发达,身体不分节,有头、足与内脏之分。常见的软体动物有蜗牛、田螺、

河蚌、石鳖、牡蛎、扇贝、鲍鱼、乌贼、章鱼等,至今已经记载的有11.5万种以上,其中包括3.5万多种化石。大多数软体动物都有美丽的贝壳,人们通常称它为贝类。软体动物在动物界可谓是大家族。

贝壳的形状、有无是软体动物的分类特征。根据这些特征,又把它们归纳为七大类,即无板类、单板类、多板类、腹足类、掘足类、瓣鳃类和头足类。

无板类大多为海产,近100种,我国仅有的是龙女簪,产于南海。

单板类形成一个帽状的贝壳,内脏也进化多了,单板类都生活在海中,目前记录到的仅有8种,产于太平洋、印度洋。如新蝶贝就是其一。

多板类特点明显,背部有八枚石灰质的贝壳,每一枚像一片瓦一样,一个压着一个边,紧紧地排列在背部,故称覆瓦状排列。足肥大,几乎占据整个腹面,这适于它在岩石上爬行。多板类也大多生活在海洋之中,常见于海水退潮之后的海滩上。已知种类超过600种,代表种有红条毛肤石鳖。

海 螺

螺有 8 万多种,数量之大、分布之广,在软体动物中是举足轻重的。由于海螺的贝壳厚而有光泽,螺旋向上,螺层如塔,十分美丽。比较有代表的如宝贝、马蹄螺、蝾螺、法螺等。

马蹄螺贝壳坚厚,呈圆锥形,高约 12 厘米,螺层 9 层。壳灰白色,具有紫红色波纹,表面有一层黄褐色壳皮。壳口斜,马蹄形。此贝为暖海生物,生于南海诸岛,栖于浅海岩石或珊瑚礁质海底,主产区西沙群岛。

蝾螺壳质厚重,螺层 6 层,体螺层宽大,各层周围都有两列棘状突起。壳高 10 厘米,宽 8 厘米。壳口白色,具有珍珠光泽。此贝盛产于我国浙江以南沿海,日本也有分布。

法螺体大,尖而长的圆锥形贝壳常常被沿海渔民做成乐器。螺层高可达 40 厘米,壳口大、卵形、橙红色。壳面淡褐色,有斑点。生于台湾和南海各岛屿,肉可食用,壳顶穿孔可吹之有声,古时作为佛事或军用乐器。

宝贝壳卵圆形,螺层不明显,壳表面光滑,壳口狭长,两缘有齿状突起,是人们非常喜欢的装饰品,古时曾作为货币交换,味美。产于东南沿海,东沙、西沙群岛。宝贝中的虎斑宝贝壳近 10 厘米,白色而有黑褐斑点,十分美丽,为贝中珍品。

瓣鳃类

瓣鳃类动物的最明显特点就是贝壳分左右两个瓣,而且两个瓣抱在一起,呈足斧状,也叫斧足类,最具代表性的种类为蚌、蛤、扇贝、牡蛎、蚬、蚶等。已知种类约 3 万种,其中 1.5 万种为化石。根据贝壳铰合齿形状、闭壳肌发达程度分为三个目,即列齿目、异柱目、真瓣鳃目。它们的主要特征如下:

列齿目:如蚶,约 10 种,产于我国沿海,壳面具有放射状的肋,如瓦楞子、毛蚶、泥蚶、魁蚶等。

异柱目:如贻贝,壳膨起呈长三角形,壳顶前倾,表面有褐色角质壳皮。壳内青紫色,足丝发达。贻贝约 30 种。

珍珠贝两壳大小不等,左壳比右壳稍高些,壳顶前后有耳状突起,壳面有覆瓦状排列的鳞片,壳内有强烈的珍珠光泽,是著名的产珍珠母贝。牡蛎也两壳不等,左壳(下壳)大而凹,右壳小而平,约 20 种,主要产于渤海、黄海及沿海广阔海域。扇贝两壳近等,形如纸扇,壳顶有明显壳耳,壳面具放射状肋。代表种如栉孔扇贝。

真瓣目:如河蚌,又称无齿蚌,生长在淡水中,属底栖生活,常埋于泥中。斧足发达,黄白色,种类有背角河蚌、褶纹河蚌等。

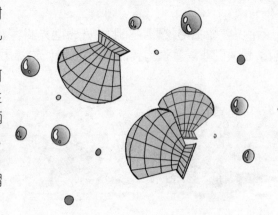

头 足 类

头足类软体动物的主要代表有乌贼、章鱼,以及罕见的鹦鹉螺等,它们是软体动物中最高级的类群。主要特征:体分头、足、躯干三部分,两侧对称的体型,头部发达,有脑,外被软骨所包围。有发达的眼,口中有齿舌,足分化为腕,腕环生口前四周,内侧生有吸盘,数量不等,8~10 条较常见,最多可达 90 条。有发达的肌肉,运动迅速。头足类约 400种,分类依据是鳃与腕的数目。

四鳃的代表有鹦鹉螺,其贝壳大而坚,左右对称,表面光滑,淡黄色或灰色,散布有火焰般的红褐色花纹。壳内有 32~36 个大小不一的壳室,只有最后一个供身体居住,其他为气室,通过气的调节在水中沉浮。

二鳃的有乌贼和章鱼,根据它们口周所生腕的多少又分十腕目和八腕目两目,乌贼属十腕目,章鱼属八腕目。

乌贼有腕 10 条,吸盘有柄,有内壳。如金乌贼,又叫墨鱼。中国枪乌贼体型较大,躯干长可达 40 厘米,腕长不等,吸盘两行,内壳角质,薄而透明,具有羽状肋。

八腕目有腕 8 条,吸盘无柄,内壳小或无,无缠卵腺,所以也没墨囊。代表为章鱼,也叫八爪鱼。章鱼腕是体长的数倍,大章鱼腕的力量特大,在水中可缠住庞然大物,把它吞掉。

从分类地位上看,头足类十分重要;从生态价值上看,它们也无以替代,是动物进化系统的重要环节,是生态系统的主角。头足类的经济地位也十分突出,是中国四大著名的海洋渔业之一。

节肢动物

　　节肢动物是当今世界上种类最多、分布最广的动物类群，有100万种以上。

　　节肢动物的特点可以概括为一句话，即体躯分节、附肢也分节的动物。比如虾、蟹、蜘蛛、蜈蚣和昆虫。根据它们的呼吸器官、身体分部和附肢的不同，又分成七个纲或曰七大类。

　　一是三叶虫纲，这类动物有一对触角，身体背面从中央隆起，形成三叶状，故名三叶虫，它是节肢动物最早的化石，是进化的证据。三叶虫发生在距今5.7亿年前的寒武纪，此纲动物如今已全部为化石。

　　二是甲壳纲，特点是有两对触角，头和胸部常愈合为头胸部，背侧有头胸甲。如虾、蟹。

　　三是肢口纲，特点是头胸部附肢的基部包围在口的两旁，用腹部附肢内侧的书鳃呼吸。现存一种——鲎。

　　四是蛛形纲，陆生，头部螯肢发达，四对足，善行走，腹部附肢退化，用书鳃或气管呼吸。如蜘蛛。

　　五是原气管纲，身体蠕虫形，体外分节不明显。附肢具爪而不分节。如栉蚕。

　　六是多足纲，特点是身体分节明显，有头及躯干之分，每一体节具1～2对分节的附肢。如蜈蚣、马陆。

　　七是昆虫纲，体分头、胸、腹三部。胸部具有三对足，二对翅。如蝗虫、蝴蝶、蚕蛾。

甲 壳 类

虾、蟹和它们的家族能有多少种?比较准确的数字大概是 3 万多种。像对虾、龙虾、河虾、螃蟹、水蚤、剑水蚤等。也有些不被人们所熟悉,如毛虾、米虾、

白虾、沼虾等。毛虾做的虾酱、虾油,白虾做的"虾米",我们可能每个人都吃过。虾、蟹都属甲壳类,其显著特点就是头胸部背面外骨骼钙化成坚硬的背甲,也叫头胸甲,它把两侧的鳃、附肢都包了起来,起保护作用。头胸甲包盖后里面形成的腔,叫鳃室。它们都有"须儿",这是它们的感觉器,叫触角,分大触角、小触角。它们所有的附肢都为双肢,有内肢、外肢之分,蟹的那对"大钳子"——螯足,有个大叉,这就是肢,一个为内肢,一个为外肢,底下那节叫原肢。

甲壳纲的内部构造包括消化系统、呼吸系统、排泄系统、循环系统和神经系统,都比较发达和完善。消化系统前端有口,后端有肛门,中间有肠道和胃,肝胰腺甚至还有幽门胃、贲门胃之分。呼吸系统有了专门呼吸的鳃。排泄器官有触角腺,循环系统有了原始的心脏,由心脏发出动脉,遍布全身,静脉在鳃中与动脉进行气体交换。神经系统由脑与神经组成,脑内有分泌细胞,能分泌蜕皮激素,控制幼虫生长。感觉神经通过单眼、复眼,感受反应。生殖主要以有性生殖为主,受精卵于水中发育。

对 虾

对虾又名大虾,是黄海、渤海著名特产,每年春秋都洄游沿海,成为我国海产重要资源。由于常常成对出售,故名对虾。对虾的特点是体长而侧扁,头部与胸部愈合成头胸部,由13节组成,具有头胸甲。腹部包括尾部共分7节。头胸甲的前端有一长而尖锐的突出部分,像一根刺或一把剑,故叫额剑,额剑两侧有一对能活动的眼柄,顶端着生复眼。除尾节外,每节具一对附肢,共19对。尾节扇形。

附肢功能不一,触角是感觉器,像收信息的天线,大颚是咀嚼器,小颚是把握食物的,其他扇动水流帮助呼吸。5对步足为行走和捕食。6对腹足用来游泳。尾扇如舵,掌握运动方向。

对虾主要生活在浅海,一般喜欢夜间活动,白天则静静地躲在隐蔽处一动不动。食物以小鱼小虾,特别鱼类幼苗及海中浮游生物为主。每年3月,虾群从黄海成群结队而来,缓缓地升入因水浅而水温升高的渤海,最后在辽东湾觅食产卵进行繁殖后代。所以,人们管这叫生殖洄游。待幼虾经过漫长夏季,在饵料丰富、阳光明媚的辽东湾迅速长大后,已经接近冬季,即深秋的10月末11月初,此时较浅的渤海即将进入冰封的冬季,水温也迅速下降。此时,雄虾已发育成熟,即与雌虾交配,之后,雄虾又沿着春季洄游路线返回黄海南部,以便在那里越冬,所以这又叫越冬洄游。

蟹

　　中华绒螯蟹,俗称河蟹,淡水蟹之一。它的特点是头胸甲方圆形,螯足末端有绒毛。它生活在泥岸洞穴之中以螺、蚌及小动物尸体为食,也吃谷物。该蟹一般每年秋季顺江而下,在江海或河海人口处交配产卵,雌蟹交配后往往把卵产到海里去孵化,抱卵于附肢上,第二年春季到初夏时,它再从海中游回人海口,沿江河而上,回到上游去生活。幼虫在海中发育到大眼幼虫期也随成蟹洄游。就这样往返不息,一代又一代地生息繁衍。

　　中华绒螯蟹分布广泛,北至辽宁、南到福建几乎沿海各省都有出产,加上它肉味极佳、营养丰富,始终是我国重要水产资源,也是我国蟹类中尤受青睐的种类。

　　三疣梭子蟹,该蟹海产,特点是头胸甲前侧缘左右各有9个锯齿,最后一个锯齿特别长大向外突出,这样整个背甲就成梭形,中央有3个隆起的疣,故叫三疣梭子蟹。三疣梭子蟹的第一步足特别强大,呈螯状,能夹碎硬物;2~4对步足指节尖细,适于爬行;末对步足扁而宽,似桨,适于游泳。春夏季节浅海产卵繁殖,冬居深海。此蟹分布广,几乎遍布沿海各地,但仍以黄海、渤海最多。由于味道鲜美,体大肉多,是我国重要经济蟹类。

肢 口 类

肢口动物全世界仅 5 种,中国只有 1 种,在广东、福建沿海,叫鲎。

鲎身体呈瓢形,分头胸、腹和尾剑三部。头脑部马蹄形,背面有 3 条明显的隆起,单眼就在其外侧,复眼在头胸甲两侧。尾剑锋利,长长地伸向后边,是防卫器官。鲎主要生活在沙质的海底,穴居,以蠕虫和软体动物为食。春夏之交开始繁殖,卵产于洞穴中,个体发育与三叶虫十分相似,也说明它与三叶虫有较近亲缘关系。鲎是节肢动物中体形最大的动物。

近年来,生物学家、仿生学家对鲎产生了浓厚的研究兴趣,一方面鲎在我国仅 1 种,全世界也只有 5 种,学术上很重要;另一方面因为鲎的血液中含有 0.28% 的铜元素,所以它的血液呈蓝色,同时血液中还有一种多功能的变形细胞,当鲎的血液接触细菌时很快就凝固,这是很奇妙的生理现象,很多学者还不能作出满意的解释。但是,仿生学家从它身上看到了某种希望,他们认为用鲎的血制成一种试剂,能迅速、灵敏地检测到人体内的细菌,也能迅速检验出食品、药物、饮品等相当多的敏感产品、物品的细菌是否超标或感染情况,这是一件了不起的事情。

在生理机能上鲎也有它独特之处,它的复眼有一种神奇的特异功能,仿生学家也没有放过这个原理,制成了电视摄像机,在微弱的光线下可以同样拍到理想的电视图像,这对电视事业的发展,起到了巨大的推动作用。

蜘蛛与蝎子

提到蜘蛛,人们可能不会感到陌生,因为在我们的周围找出几只蜘蛛,甚至找到几种蜘蛛也不算困难。然而,正是这些我们熟悉的蜘蛛,它们是什么时候发生的,是由什么进化的,它们究竟有多少种类,与我们人类有什么关系……恐怕一深入探讨,就不一定谁都能答出来了。

其实蜘蛛在节肢动物中也是一个较大的家族,它们的发生距今已有4亿多年了,它们是由三叶虫类逐渐演化发展而来的,演化发展到现在,中间灭绝了的种类不算,现存种类大约有3.6万种,它们是人类生产生活这个环境的有机组成部分,对人有害也有利。

除蜘蛛外,常见的蝎子、蜱、螨也属蜘蛛纲动物类群。其分布广泛而复杂,几乎地球上它们到不了的地方很少。

这类动物的特点很明显,有6对附肢,第一对是螯肢,有锐利的钳,很强大,上面有毒腺开口,可刺杀猎物。第二对叫脚须,有捕食、交配、触觉三种作用。其余4对是步足。腹部附肢变成了栉状器或纺绩器。内部构造有书肺,如同书本一样有若干页书肺页,用来进行气体交换。

蜘蛛雌雄异体,雌大雄小,有性生殖为主,而蝎子为卵胎生。

蜈蚣与马陆

蜈蚣和马陆也是常见的动物,它们的种类也相当多,大约 1.05 万种。蜈蚣属唇足类,马陆属倍足类,共同特点是身体分头和躯干两部分。头有一对触角,有单眼无复眼,口器位腹面并伸向前方。躯干部节明显,每节具附肢 1～2 对,蜈蚣 1 对,马陆 2 对。由于体节多,看上去浑身都是"爪"。雌雄异体。如少棘巨蜈蚣、满洲石蜈蚣。少棘巨蜈蚣体长 9～13 毫米,有步足 21 对,可入药。分布全国各地。满洲石蜈蚣体长约 25 毫米,步足 15 对,细长易脱落,多生活在房屋附近或人类居室内,以昆虫为食。

马陆以草为食,如巨马陆,体大而长,黑褐色,生活在山区潮湿地带。

花蚰蜒,又叫草鞋子、钱串子,体灰白色,全身 15 节,每节一对细长的步足,最后一对特长。足易脱落。触角也较长。栖息在人类住宅内外阴湿处,以捕捉小虫为食。遍布全国。

从上述蜘蛛、蜱、螨和蜈蚣、马陆、蚰蜒来看,它们是节肢动物的一个分支,分别叫蜘蛛类、蜱螨类和多足类都可以,但不能叫它们为昆虫。

昆 虫

昆虫是世界上种类最多、数量最大、分布最广、与人类关系最密切的动物。全世界已知种类近 100 万种，占节肢动物种类的 94% 以上，占动物种数的 3/4 以上。

昆虫的出现至今已经有 3.5 亿年的漫长历史，可见，它很古老。加上它的多样、庞大，所以昆虫占据了动物界中许多个世界之最。除了种类、数量外，从重量上比较，昆虫的总重量相当于人类总重量的 12 倍。别看它们个体小，但由于它们种群数量大，加起来就不得了。比如一只蝗虫仅 2~3 克重，但一个蝗虫的群体可达几万吨重，遇到蝗虫成灾，几千米的草原几乎布满蝗虫，转眼之间茂密肥美的绿草会荡然无存。

昆虫的繁殖力极强，一对苍蝇一年能繁殖 55 亿多个子孙后代；一只蜜蜂每天可产卵 1000~2000 粒。

昆虫分布广，几乎地球上所有领域它们都要涉足：海洋、江河、湖沼、山泉、溪流；高山、平原、森林、草原；天空、土壤、城市、农村。在许多特殊的环境中，都能找到不同的昆虫。如在 60℃ 的温泉中仍然生活着一种水蝇；而在石油中生活的曲蝇对环境却情有独钟；盐中有盐蝇当然更不奇怪；而海洋中生活的昆虫不胜枚举；在酒石酸中人们也找到了一种活甲虫；就是在纯净的二氧化碳中，有的象鼻虫也照样安居不误。

昆虫的触角

昆虫虽小，但活动非常灵活，反应也异常灵敏。那么，它靠什么来感知外界的变化，靠什么来判断敌人的来临和食物的位置，及时逃避敌害和捕获食物呢？原因是它有一套特殊的构造与机能，这构造就是触角。

触角上生有无数个不同形状的小窝，又叫感觉窝。窝内分布着许多神经末梢，这些神经末梢能够把感觉传送给各个神经。而各个神经又都与脑神经中枢相连接。当触角把外界的变化通过感觉窝的神经末梢传到各个神经以后，再传到脑神经中枢，脑神经中枢会很快作出反应，再将反应通过神经传到翅或足，于是便逃之夭夭或迅速扑上。昆虫的触角就像无线电或接收器的天线，它是昆虫的感受器。这种感应是多方面的，比如空气波的震动，声音波的震动，有时还可能感受超声波、电磁波，甚至对气味都有某种感觉。这些感应是瞬间的，反应极快。

比如我们设法去捉一只蟋蟀，可是当我们轻轻地接近蟋蟀时，只见它的触角只左右前后地摇动了一下，便立即跳出很远，根本就不给你伸手的机会。有些昆虫求偶、寻找异性也要靠触角，这时的触角则是通过寻找异性个体发出的电磁波的办法来判断异性的位置、方向和距离。说来也真叫人惊叹，昆虫用这种办法竟然能找到百米以外的异性配偶，可见，动物为了繁殖，为了延续后代，在长期的生存竞争上形成的机能有多么的奇妙。

蚊子的触角

触角对气味或对空气中化学成分的变化很敏感,这也是昆虫感知敌害的适应。比如雄蚊的触角对空气中二氧化碳的变化十分敏感,人或哺乳动物在环境中出现,他们的呼吸必然导致环境中的二氧化碳含量增加,于是雄蚊便会循着气味直接找到呼出二氧化碳的人或动物,然后落在他们的身上去叮咬他们,吸他们的血来补充自己的营养。有人奇怪,怎么我到哪儿蚊子跟到哪儿?道理就在于你呼出了二氧化碳。母亲怕幼儿被蚊咬,把花露水擦在孩子身上,以此形成干扰,这方法是有效的。

科学家们也利用这个原理制成了测定宇宙飞船气体变化的仪器,用以控制飞船的气体污染,保护宇航员健康。也用此原理制成仪器,雾天探测方位,跟踪鱼群或潜水员,给人类很大帮助。

昆虫的眼睛

昆虫的眼睛包括一对复眼和不等的单眼，复眼是主要的视觉器官。昆虫的复眼很特别，本来昆虫的视力很差，它们几乎都是近视，比如蝴蝶只能看清离它 1～1.5 米远距离的物体，家蝇更差，视距只有 0.4～0.7 米，就是视力相对好一点的蜻蜓，视距也不过 1.5～2 米。但是，可别忘了，当您走过苍蝇，离它还有 2～3 米远时，举起苍蝇拍它一定会很快飞掉，那么家蝇的视距只有 0.4～0.7 米又如何解释呢？这就是复眼的功能。

原来，昆虫的复眼由许许多多六角形的小眼拼合而成，小眼的数目越多，该虫的视距越远。家蝇一个复眼由 4000 个小眼组成；而蛾与蝶的复眼至少也有 1.2 万～1.7 万个小眼；蜻蜓视距好，它的小眼达到 2.8 万个。小眼的构造分集光和感光两部分。小眼折射过来的同一光点的光线，同时形成多个重叠光点构成图像，即重叠像。即使光线微弱，也能构成清晰的物像。昆虫辨别光线的能力偏于短波光，可见光区范围一般在 2500～7000 埃之间，所以，许多夜间活动的昆虫对 3300～4000 埃的紫外光最敏感，因为这正好在昆虫的可见光区范围之内。同时，昆虫的可见光区范围也包括了人眼看不到的紫外光。但它们看不到红光。

苍蝇的复眼

昆虫的复眼有一种人们意想不到的功能，那就是这种复眼对物体运动状态特别敏感，物体在两个小眼晶体柱间的活动距离判断出前进方向和落点距离。比如象鼻虫在飞行中能够急停，然后稳稳地落下，从不前冲或后坐。苍蝇的复眼可以在 0.01 秒钟内看出物体轮廓，所以当你走近苍蝇一举苍蝇拍，实际上它已经"看"到了，如果你静静地站着不动，它反倒感觉不出人的存在。

说来人也有些遗憾，表面上看人的眼睛比苍蝇好得不知多少倍，但人的眼睛对物体移动的判断，也就是要看清一个物体的形状、大小，往往需要 0.05 秒钟，从这点出发，人眼反倒有逊于苍蝇了。但人毕竟是高级智能生命，人会根据昆虫的某些功能、结构特点创造出更先进的仪器，取之于昆虫，又超过昆虫，这是人类的骄傲。

军事上用的地速计就是根据象鼻虫小眼视物原理制成的，它可以准确判断飞行物距离，然后用火箭击中它。

昆虫的翅

翅是昆虫的飞翔器，而翅膀是鸟类的飞翔器，翅虽然不是翅膀，但它能把昆虫带到天空，能做长途旅行，这是昆虫高度发展、进化的特征。

一般来说昆虫的翅有革质的、膜质的、角质的，昆虫不同翅的质地变化很大。蝗虫的翅前翅革质、后翅膜质，两对翅伸展开后又宽又大，飞翔能力很强。当静止状态时，这两对翅紧紧地叠在一起仍然将腹部全部遮盖无遗，这样的翅专家们又给它起了个名字，叫覆翅。前后翅均为膜质，这种翅是透明的，所谓薄如蝉翼，就是如此。如蜜蜂的翅，这种翅又叫膜翅。天牛、金龟子以及叶甲都有一对盔甲一样的前翅，后翅膜质，覆盖在前翅之下。这种翅是胸的背板、侧板延伸后转化而成，由于前翅如坚硬的盔甲，所以又叫这种翅为鞘翅。

昆虫飞行时，肌肉同时交替伸缩，即上下拍动，加上前后倾折，从而保证了高频率拍动和长时间飞行。蜜蜂每秒钟可振动翅180～203次；家蝇则振动330次。蜻蜓每小时能飞行40千米；斑蝶更可以持续飞行117个小时，飞程达3000千米。

昆虫的足

昆虫的足是昆虫运动的器官，也是昆虫起飞和降落的支撑，是地面活动的基础。

昆虫的足一共三对，也称前足、中足和后足。足的结构很先进，分五节和前面的爪，爪下有爪垫，爪垫表面常生有毛和分泌黏液，这使昆虫身体悬贴在光滑的物体上而不会跌落，同时当昆虫从高处跳下时又不至于发出声响。

在长期的进化过程中，昆虫为了适应其生活环境以及不同的摄食方式，它的足发生了若干种进化，对环境高度适应。栖息在土壤中的蝼蛄，它的前足胫节宽大，外侧还带有锋利的锯齿，看上去酷似边缘带齿的大铲，这样的足很适合挖洞掘土，人们叫这样的足为开掘足。龙虱生活在水中，它的后足各节都变得扁平，适于划水，故叫游泳足。蝗虫后足发达，胫节细长，弹跳力强，一纵即逝，故叫跳跃足。跳蚤也是跳跃足。螳螂以小昆虫为食，善捕捉，俗语中有"螳螂捕蝉"之说，也是形容它是捕捉能手。人们管螳螂的足叫捕捉足。而蜜蜂的足叫携粉足，即工蜂的后足胫节末端变得宽而扁，外侧边缘还有点内陷，且长满刚毛，这样的足使工蜂采集花粉后携带回来十分方便……真是物竞天择，这些行、游、掘、跳、攀、捕、抱、携等各式各样的足，一个个巧夺天工，十分完美，昆虫的足难道还不令人惊叹吗！

昆虫的变态

昆虫一生中要经过几个虫态，如卵、幼虫、蛹、成虫，有的还有若虫等。大多数昆虫一个虫态一个样，不像小猫小狗小时候啥样长大后也大体差不多。昆虫不一样，面对一条大绿虫子，你无论如何也难把它同美丽的蝴蝶联系在一起。然而昆虫就是这样。人们把这样从小到大面目皆非的虫态变化叫作完全变态。蝴蝶是完全变态，苍蝇是完全变态。也有不完全变态的昆虫，如蝗虫，卵孵出的是若虫，比成虫只是小，无翅，触角、复眼、足都齐全，待到长出大翅时，也就接近性成熟了，随之发育为成虫。它的虫态是卵→若虫→成虫，没经过幼虫期和蛹期的变化，故叫不完全变态。昆虫的种类太多，分布又那么广泛，不同的生态环境造就了不同生活习性，形态特征也随之变化，所以，自然界中昆虫的变态除了以上两种还有其他许多方式。

幼虫的生长发育以龄期计算，每进到下一个龄期前，它要蜕皮一次，化蛹之前的幼虫叫老熟幼虫，一般老熟幼虫蜕皮一次就变为蛹。不同昆虫其幼虫期长短也不一样，有的三龄化蛹，有的五龄化蛹不等。就是同一种昆虫也根据环境变化龄期，遇不良环境它可能提前化蛹以抵御环境对它的伤害。

昆虫的拟态

昆虫的拟态是昆虫与自然环境的统一与和谐，是昆虫的自我保护。

昆虫的拟态各种各样，这种拟态使昆虫在环境中类同不二，不仔细观察几乎很难辨别哪是虫哪是物，其逼真形象令人叫绝。

尺蠖又名量天尺，其幼虫有灰褐色、有枯黄色、有豆绿色、有苍白色，加上幼虫附着在枝条上总是以腹部末端着地，头部向上翘起，完全像一截无叶的树枝，不认真寻找极难发现。

枯叶蛾的翅如同一片枯黄的树叶，大蚕蛾的翅大，而在杏黄色主调的底子上还有两块带白边的圆形褐斑，这又同大蚕蛾栖息的柞树类的落叶秋后颜色几乎一样。竹节虫外形像细细的"扁担钩"，它的体色随着枝的季节变化而变化，夏绿秋褐，它附在树枝上几乎无法辨认。可能大家会有同感，草中的昆虫多绿色，花中的蝴蝶多鲜艳，这就是昆虫的拟态，是昆虫在亿万年的进化演变中适应自然选择的结果，是对自己保护的生存竞争过程中的一种特化。

蜻 蜓

蜻蜓的特点明显，头大而圆，两个又黑又绿的复眼十分威武。触角短小，呈刚毛状。两对膜质的翅显得异常有力，网状的翅脉纵横交错，仿佛是宽大膜翅的筋骨和支撑。在高高翘起的前翅前缘上，有两个黑黑的块状的翅痣像飞机尾翼上涂出的徽记，给蜻蜓平添了几分秀气。蜻蜓的繁殖能力很强，幼虫的生长发育离不开水的环境，所以，蜻蜓自然也要近水而栖。俗话说"蜻蜓点水"，实际是蜻蜓把卵产在水中，也有人称为蜻蜓戏水，但不管怎样，玩是形式，繁殖后代才是实质。由于蜻蜓的幼虫属半变态，和蠕虫还有些距离，它们的幼虫又叫稚虫，在水中吃蚊虫的幼虫——孑孓。蜻蜓的幼虫在整个稚虫期需要蜕皮12~15次，耗时一年左右，它们长期生活在水中是水中有害小生物的克星，当然，这对人类就大有益处了。蜻蜓的稚虫又叫水虿，下唇很长像个假面具一样翻盖在头上，人们叫它"假脸"，遇到食物会突然翻出将其捕捉。

蜻蜓的口器也是咀嚼式口器，与稚虫一样也捕食小动物，通常被视为益虫。它们是害虫的天敌，可以维持自然界的生态平衡。

蜻蜓的种类

蜻蜓大约有4500种,几乎遍布世界各地,它们在昆虫纲中也算是一类不小的数目。在我们的生活中除了常见的蜻蜓外,还有箭蜓、绿河螅和体形细小颜色豆绿的豆娘。

绿河螅又名青螅,体长54~63毫米,展翅宽约78毫米,雌展翅可达84毫米,体绿色,略带青,有金属光泽。触角短、针状,在河岸淤泥上常几十只集聚一起。

箭蜓也叫箭尾蜓,体长79毫米,展翅达105毫米,黑色,有黄绿色纹,前额为暗黄色,有纵向黄条,胸部黄色,背面有 W 字形状,翅透明,翅痣黑色,腹部黑色,各腹节背面有黄条纹。

绀螅,体长30毫米,展翅70毫米,黑色,发蓝色光泽。前翅过半,及后翅全部为暗褐色,翅端透明,翅痣大,黑褐色。

海蜻蛉,体长45毫米,展翅84毫米,黄褐色,前翅透明,翅痣暗褐色。

褐顶蜻蜓,体长41毫米,展翅76毫米,雄蜓黄褐色,翅透明,翅端黑褐色,翅脉及翅痣褐色等。

蝗 虫

蝗虫属直翅目昆虫，属于中型到大型体型。这类昆虫触角呈丝状，长长地长在头部顶端。复眼大，卵圆形，前胸背板发达，多马鞍形。两对翅，前翅革质，后翅膜质，不飞时后翅折叠在前翅之下。足也

发达，适于跳跃。雌雄虫同种不同型，雌虫较大，腹部末端生有剑状的产卵器，适于将卵产于田埂上较硬的土中。雄虫偏小，腹没有附属物，但在足的胫节和前翅前端，有的生有听器，能发出声音。

蝗虫类的生活史包括卵→若虫→成虫三种形态，若虫一般蜕皮五次，即五龄后发育为成虫。

蝗虫种类很多，全世界已知的有 1.2 万种以上。常见的如：

精灵飞蝗，俗称扁担钩。雌虫连翅长达 85 毫米，雄虫小，仅 41 毫米，绿色或褐色。头圆锥形，前端突起，触角剑状，颜面向后倾斜，复眼赤黄色。前翅长超过腹部末端，后足腿节长超过腹端。以植物为食。

稻蝗，长 30 毫米，绿色或绿褐色。头顶呈三角形尖突。复眼大，卵圆形，复眼后方有黑褐色纵。触角短，鞭状褐色。前翅前宽后窄。后足腿节发达，有"人"字纹。胫节有两排小齿，跗节有两爪。蝗虫喜杂食，以植物为主，对作物有害。

蟋蟀、蝼蛄与螽斯

鸣虫有多种，常见的有蟋蟀、油葫芦等。

蟋蟀，黑褐色或黄色，它与油葫芦的区别在于，蟋蟀小，体长17毫米左右，油葫芦大，25～27毫米。蟋蟀雄虫前翅右覆左，右翅质硬；雌虫翅短不达尾端，两翅摩擦而发出叫声。油葫芦前翅短，不达尾端，有长发音镜，后翅叠成尾状淡黄色半透明。

邯郸，14毫米，形细长，黄绿色，头顶黑褐色，前头突起，细而长。触角丝状，超过体长2倍。雄虫有发音镜。

蝼蛄有三种，常见的为非洲蝼蛄，体长24～30毫米，灰黄褐色。前翅短达腹部1/2，后翅膜质卷叠成尾状，超过腹端。开掘足，尾毛一对。

螽斯。体长30～37毫米，绿色或褐色。触角丝状，超过体长3倍，褐色。前胸背板后方稍延长呈马鞍形。翅半透明，比尾端长，右前翅有透明的发音镜。尾毛两根，雌性有长长的产卵管。腹与体下部均黄绿色，前足胫节茎部有听器。

露螽，18毫米，黄绿色。前翅超体长1.5倍，散布小黑点，又叫梅雨虫。触角鞭状褐色，比翅长。雌性产卵管短呈镰状，向上弯。

瘠螽，约30毫米，绿色，前头尖。触角黄色鞭状。雄虫叫声"齐齐"，如追马时的呼声，又叫追马。

蝽

这类昆虫的特点是前翅前半部角质化，变得坚硬，而后半部到末端为柔软的膜质，背中央两翅相交处有一发达的三角形小盾片。后胸腹面上有一臭腺开口，有臭椿树的气味，因此人们给这类昆虫起名叫椿象，简称蝽。

荔枝椿象，俗称臭屁虫，也是蝽科重要昆虫。成虫体长21～28毫米，黄褐色，头端阔而圆。该虫一年发生一代。成虫和若虫刺吸荔枝和龙眼嫩芽、嫩叶、幼果，引起脱落，故为华南果树大害。

长椿象，体长5.5毫米左右，黑色，体几乎长方形，头三角形。翅上密生白色细毛。脚黄褐色，体腹面黑色，各节间黄褐色。该虫专吸食高粱植株的组织液，又叫高粱长椿象，害虫。

菜椿象，体长7～8毫米，黑色，密被刻点，头部中央两侧有赤黄斑各1枚，小盾片三角形，黑色。半翅鞘黑，翅革端部有赤黄色斑纹1枚，翅膜部黑褐色，周缘无色。害虫。

小豆蝽，只有3.5～4毫米，漆黑色，有金属光泽，体形短而宽，密被刻点。该虫是蝽类中最小的种类。

蝽类中也有益虫，有代表性的如蠋椿象。

蠋椿象，体长14毫米，暗褐色或淡褐色，全身密被黑色刻点。由于它以小虫类为食，往往在生态系统中有控制害虫类发生发展的作用，因此被看作是益虫。

螳 螂

　　螳螂是昆虫中较为重要的一类,分类上归属螳螂目。我国到目前为止,已经记录到的螳螂仅有 4 种,即螳螂、薄翅螳螂、斑螳螂和刀螳。

　　螳螂,在 4 种中体形最大,体长 70～95 毫米,呈狭长形,颜色为绿色,有时因环境、季节变化而为褐色的。螳螂的体型特点很明显,那就是"头小,脖长,肚大,腿长"。这说法很形象,螳螂头很小,扁圆形,小小的头上有两个大而突出的复眼;触角鞭状。"脖长"是指前胸长,两侧都生有锯齿状的小齿。"腿长"是指它的足特化成捕捉足,第一节变长如同铡刀的垫;第二节变又长又宽中间还有一道沟槽,槽两边还生有密密麻麻的刺,这又如同铡刀床;第三节变长而向内弯曲的一面也有锯齿,这如同带齿的铡刀。这样的足就使得猎物根本无法逃脱。它的翅是绿色。褐色螳螂翅自然呈褐色,前翅革质,后翅膜质,前翅不飞时盖在后翅上, 革质较硬,宜于保护。"肚大"指腹部大,食量也大,便于更多地吸收营养。

　　螳螂生活史中个体发育为不完全变态,卵直接发育为若虫,若虫酷似成虫,只是体小而无翅,成虫以小型昆虫为食,有时也以植物充饥。它喜欢森林环境,以树栖为主,时而也下树到草丛觅食。

草蛉

　　草蛉种类很多，已知的约86属1350种以上，几乎遍布世界各地。我国记录有15属，约100种。其中河北、河南、山西、贵州、广东、宁夏、新疆对草蛉的研究较多，工作也较细致。常见的如大草蛉、丽草蛉、叶色草蛉、多斑草蛉、牯岭草蛉和中华草蛉。

　　草蛉一生四个虫态：卵→幼虫→蛹→成虫，属完全变态昆虫。一年可发生数代，环境不同，差异较大。如：大草蛉，卵数十粒集聚成片状，产于树叶、树皮等上面。幼虫三龄化蛹，幼虫也叫蚜狮，上下颚发达如两个大钳子，能夹住害虫将它吸干，剩下的害虫残皮还要驮在背上。蛹在茧里，以蛹越冬。成虫触角鞭状，前后翅皆膜质，翅脉呈网状，边缘有许多分叉。

　　草蛉一次产卵可达659粒，成虫寿命11～36天。幼虫喜食蚜虫，整个虫期大约消耗蚜虫678～937头；如食红蜘蛛，大约要240头，有时一天就可食掉74头。大草蛉的幼虫还喜食玉米螟，遇到玉米螟它胃口大增，食量是平时的1～4倍。

　　中华草蛉一年四代，普通草蛉，一年二代。目前，人们不但筛选出养殖草蛉的人工饲料，而且在卵的孵化、成虫交尾、幼虫饲养管理及释放方法上都取得了成功经验，并收到良好的防治效果。

蛾 与 蝶

怎样区别蛾与蝶？一是看体型大小，一般蝶类体型大，蛾类小些；二是看是否鲜艳，一般蝶类鲜艳夺目，蛾  类暗淡；三是看触角，蝶类的触角呈棒状、球杆状，蛾类羽状、栉齿状、梳状；四是看落下后翅的状态，蝶类落下静止后，两对翅上举，翘向上，蛾类落下静止后两对翅向下耷拉着呈屋脊状；五是蝶类夜伏昼出，日间活动，而蛾类正好相反，它们昼伏夜出，以夜间活动为主。只要掌握了这五点，再加上日常生活中注意观察，正确地区分蛾与蝶，恐怕就不成问题了。

常见的蝶类主要有凤蝶、粉蝶、蛱蝶、斑蝶、灰蝶、弄蝶等。蛾类中主要有尺蛾、舟蛾、螟蛾、夜蛾、灯蛾、天蛾、刺蛾、蚕蛾、透翅蛾等。每一个名字都代表一个科，每个科都有成百上千种。

蝶与蛾的发育为完全变态，卵随种类不同也各种各样，一般产在植物叶、茎及树的老皮裂缝之间，幼虫与毛虫没什么两样，腹部的足底面有钩状的刺毛，也叫趾钩。幼虫多五龄，蛹为被蛹。

蝶、蛾的成虫一般以露水花蜜为主，从蛹变成成虫后就主要寻找异性交配产卵，待产卵结束后，大多数蛾、蝶都很快死亡。蛾蝶本身无害，且把大自然打扮得美丽多姿生机勃勃，而在生态系统中真正发挥生态作用的是幼虫。

世界名蝶

　　蝶中最美丽的莫过于凤蝶。凤蝶五彩缤纷，是蝶中的皇后。凤蝶最明显的特征是后翅的下缘也就是翅臀区有酷似飘带的尾突，使本来就娇艳夺目的凤蝶平添了几分光辉。它的口器特化成喙，卷曲成螺旋状点缀在头部，也显得百般和谐。

　　宽尾凤蝶产于中国台湾；四尾褐凤蝶产于不丹；巨型毒凤蝶是世界上最长翅的凤蝶，它产于非洲的刚果；翠叶凤蝶两对翅黑地有绿色羽毛状斑纹，无尾突，产于马来西亚；紫玫瑰凤蝶，在黑色的双翅上布满绿、天蓝、水粉、淡黄等各色花斑，显得艳丽，产于新几内亚；曙凤蝶前翅乌黑，宛如轻纱，后翅臀区红粉色，波浪式的边缘内并排着两列黑色的花斑，这是我国台湾阿里山的特产；七彩凤蝶也产于中国云南，前翅乌黑但边缘有列绿色的条斑，后翅尾尖黑而长，臀区有粉红色圆斑，斑的中心还是黑色，犹如眼睛一样使该蝶充满灵气，后翅外缘各有一块蓝宝石色的斑。蓝宝石凤蝶与七彩凤蝶不同的是后翅臀区只有一个圆形粉红色斑，而蓝宝石的大斑块几乎占去后翅的一半。这是印度尼西亚的凤蝶，产在爪哇。非洲最美的凤蝶叫蓝精灵凤蝶，其实它并非蓝色，而是前翅褐色，翅顶浓，翅的其他部位十分轻淡，黑色的翅脉十分清晰粗壮；后翅红褐色，基部陶红色，翅的外缘波浪式边缘内有一圈白斑。

蛾蝶的鳞片

我们捉蝴蝶时，会把它身上的"灰儿"沾到手上，五颜六色，这灰儿就是鳞，是由许许多多小鳞片组成的。各种颜色的鳞片在蛾蝶身上拼出千变万化的图案，使蛾蝶光彩夺目，生动活泼。这些鳞片有什么用？其实鳞片是蛾蝶生命的重要组成部分。

首先，鳞片是蛾蝶的外衣，可以保护表皮细胞不被碰伤刮坏，偶遇伤害损失一些鳞片就可能脱身。

其次是保温、调温。当体内因新陈代谢旺盛需要散温时，这些小鳞片便会像百叶窗一样一侧张开，让高温散发出去；当外界低温体内需要保持温度时，小鳞片便会紧紧贴在体表，防止温度散失。这种机制使蛾蝶得以维持一定的体温，保持正常的生理和代谢。

再次是由小鳞片可以勾出各种各样的图案，组成千变万化的体色，在花中活动的蝶可以拼出似花赛木的翅斑，使蝴蝶落在花间形成自然保护色。蛾类昼伏夜出，翅鳞暗淡，色彩灰褐，斑纹少变化，这也与它们夜间活动相适应。

多姿多彩的蛾蝶，所以具有极高的观赏价值，很大程度上就仰仗于或得益于它们身上被覆的鳞片。可见，鳞片对于蛾蝶是何等重要。然而，更重要的还不止这些，谁能想到这些普通昆虫的小小鳞片能派上大用场，是它解开了宇宙航天的最大科学难题呢。

夜蛾与蝙蝠

夜蛾是鳞翅目中种类最多的一科，与人类关系极为密切，我们夏天在园中栽的茄子、种的玉米，秋天栽的甘蓝，往往被什么虫子贴根咬断，这虫子就是夜蛾的幼虫。由于这类虫子多半要在夜间才能出来活动，所以人们叫它

们夜盗虫，也有根据它们的为害特点叫它们切根虫、截虫。

夜蛾一般体较粗壮，特点是前翅狭长，颜色深暗，常有深色条纹状斑的肾状斑纹。幼虫在泥土中茎秆、果实中栖居。种类不同发生的代数也不一样，黏虫可达 8 代，棉花金刚钻在南方多达 12 代。由于这类昆虫为害作物的根、茎，所以夜蛾是农业上的重要害虫。

在昆虫队伍中，夜蛾也是最难对付的成员，它们在黑夜里四处游荡，穿梭在农田、森林和草场，行动自如，如同在白昼活动一样。就连惯于夜间捕食昆虫的蝙蝠，也奈它不得。我们知道，蝙蝠夜间出没靠的是它发出的超声波，它利用超声波探路、觅食、辨别前进方向。而昆虫中的夜蛾恰恰也有这种本领，它也能发出超声波，在 30 米之内，它就能准确地判断蝙蝠的到来，所以，蝙蝠没到夜蛾早已藏身花间草丛，弄得蝙蝠十回偷袭九回失败。

蜂 类

蜂前后翅都为膜质，故曰膜翅目。已知种类约 12 万种，仅次于鞘翅目和鳞翅目。

蜂的种类虽多，但主要种类人们并不陌生，如蜜蜂、蚁、胡蜂、姬蜂、小蜂、土蜂等。蜂类之中只有少量种类对人类的生产生活有一定危害，如胡蜂、白蚁。但绝大部分种类几乎都是人人敬仰的明星，是人类生产生活的重要帮手。蜜蜂酿蜜，蚂蚁除虫，姬蜂专门把钻到最隐蔽处的害虫留给自己，用它那长针一样的产卵器把卵产到害虫身上，用害虫的营养来使自己的卵发育成幼虫、蛹和成虫，以此来消灭害虫。姬蜂还是选美冠军，它的腹部与胸部出现了专门演化，第一节腹节与胸部合并成胸腹节；而第二节缩小成细腰，也叫腹柄。足 5 节长而发达，"细腰长腿"叫它占尽风光。小蜂都很小，只有 1~2 毫米，它们更神奇，专门往害虫卵、蛹甚至成虫上产卵，用害虫营养来发育自己。有人形容这如同孙悟空钻进妖精的肚子，从内部瓦解它，这比喻小蜂类与害虫的制约关系，再贴切没有了。比如专家们利用金小蜂防治棉铃虫，利用赤眼蜂防治松毛虫，利用绒茧蜂防治杨树舟蛾，利用跳小蜂防治杨树二尾舟蛾，利用平腹小蜂防治荔枝蝽，利用啮小蜂防治水稻三化螟等。这些都是国家重大的科研项目，已纳入国家科委的课题计划。正是这些科研成果，给我国农业带来了增产增收，提高了人民生活水平，加强了国家的经济建设。

棘皮动物

棘皮动物是5亿年前出现的海生生物,在进化上它们属于一个独立的分支,大体上同腔肠类发生早晚差不多。现存的有5大类,即海星、海胆、蛇尾、海百合和海参,总共大约有6000种。

棘皮动物的体形多种多样,如海星星形、海胆球形、海参圆柱形、海百合树枝形等。这些动物一般构造简单,体呈辐射状对称,表明了它们还很原始。它们的主要特点有三个:一是具有内骨骼,如海星和蛇尾,海参和海百合,它们的内骨骼是钙和碳酸镁的混合物,只不过有大有小。海参内骨骼小,只能在显微镜下才能看到;海胆内骨骼呈骨板状,骨板相互间嵌合成一个完整的囊;海星与蛇尾则排成一定形状,而海百合则骨骼与骨骼之间由可动关节相连。内骨骼埋于体壁上,外有纤毛上皮覆盖,下面是纤毛体腔上皮。而体表上常常形成棘或刺突,故称棘皮动物。二是次生体腔发达,内有围脏腔,水管系统和围血系统。也就是说,消化、呼吸、生殖、循环都形成简单的器官与系统,并被囤积体腔之中。三是胚胎发育过程中胚体另行形成口,这与以前各种动物的原口有本质区别,所以又称后口动物。

圆口类

什么是圆口?就是没有上、下颌,也没有真正的牙齿,唯一的齿是由表皮演化而来。

圆口类有什么特征?很明显,一是没有附肢。胸鳍、腹鳍都没有,腹面光滑。二是骨骼全为软骨,脊索终生保留,没有脊椎骨。三是口漏斗状。四是鼻孔一个,开口于头顶中线。五是鳃位于鳃囊中。常见种如七鳃鳗。

七鳃鳗,外形像泥鳅。皮肤光滑,只有背鳍和尾鳍。口呈漏斗状,为吸盘式构造,内有黄色的角质齿。头两侧有眼一对。眼后有 7 个鳃孔,故名七鳃鳗。表皮分布有黏液腺,能分泌大量黏液。该鳗长达 500 毫米,青灰色,第二背鳍上半部和尾鳍黑色,尾鳍矛状。

七鳃鳗卵在河水中发育为幼鳗。幼鳗孵出后不久便顺水进入黑龙江,再由黑龙江入海到达太平洋北部海域生长发育。大约经过 5 年时间,幼鳗才能长大成熟,成年的鳗用吸盘紧紧地吸住海洋鱼类的身体,用角质齿咬破鱼的体壁,依靠吸吮鱼的血和肉,过着不劳而获的寄生生活。等到成年鳗性成熟之后,它们便不约而同地成群结队从太平洋中游到黑龙江入海口,然后沿着幼时的路线逆水而上重新进入黑龙江。成熟的鳗个个膘肥体壮,它们溯江而上,然后再入河流溯河来到河流上游浅水中,在河卵石、河沙中做窝产卵。一路奔波对成鳗体力消耗非常大,产卵又耗去了它贮存的几乎所有营养物质,等成鳗产下最后一批卵后,它已经耗尽体力,很快会在窝的附近静静地死去。

鲨 鱼

鲨有多种,全世界有鲨鱼250～300 种，我国约为 130 种。

鲨鱼总的特点是身体呈纺锤形,鳃裂明显,位于头的两边。食肉类,成鲨体长 1～4 米不等,大的种类重可达 250 千克。代表种有扁头哈那鲨、双髻鲨、白斑星鲨、姥鲨、扁鲨等。

扁头哈那鲨,特征明显,一是体大,长可达 4 米,体重一般 250 千克,鳃裂为 7 对,背鳍 1 个。此鲨性情十分凶猛,主要食物是中小型鱼类及甲壳动物。卵胎生,每产 10 余尾。它游泳时动作缓慢,显得悠然自得和傲慢无视其他的样子。

双髻鲨,体长 3～4 米,头形特殊,两侧各有一锤状突起,犹如古代相公的帽子,也像少女头发扎成的两个发髻,故名双髻鲨。

白斑星鲨,体长 1 米以内,体灰褐色,具白斑,牙小而细,性情凶猛。

姥鲨,又叫姥鲛,体呈纺锤形,长可达 15 米,体重 5 吨以上。体色灰褐或青灰色。口大吻短,牙小而多。眼小。鳃裂宽大,鳃耙细长,呈"鲸须"状,适于滤食。

鲸鲨,体型粗大,体的两侧各具有两个显著的皮嵴。体长可达 20 米,重 5 吨以上,是鱼类之中体型最大的种类。其性情温和,不袭击人类和船只,以浮游生物为食,偶尔捕获小型鱼类。

肺 鱼

这是一类特殊的鱼种,生活在4亿年前,曾被认为已灭绝。然而,4亿年后,人们竟发现仍然有活着的种类,这简直不可思议。在进化史研究上,专家认为这类用肺呼吸的鱼是极有可能是上陆并在陆地生存、演化与发展的,它们是陆生爬行类的祖先。可见肺鱼与总鳍鱼是多么重要的一类。

肺鱼和总鳍鱼类都用肺呼吸,但这个肺并非后来动物的肺脏那样,它只是原始的肺,实际上它只是位于体内的鳔。鳔中充满空气,它可以用来调节内压以进行上浮和下潜,也可以在水中缺氧时,通过鳔吸收一定的氧气度过困难。另外,它们具有一个内鼻孔。骨骼为软骨,偶鳍居中轴骨,两侧有辐鳍骨对生,故称双列式偶鳍。

肺鱼目前全世界仅发现三属,即澳大利亚肺鱼、非洲肺鱼和美洲肺鱼。它们都是淡水鱼。澳大利亚肺鱼在低氧的水中,能以鳔呼吸空气;非洲肺鱼和美洲肺鱼在枯水时也能用鳔呼吸空气,而当水域涸干时,它们便钻进淤泥,实行休眠,可以数月不吃不动,直到雨季来临。

肺鱼中只有澳大利亚肺鱼身体被大块鳞片,而非洲肺鱼和美洲肺鱼身体光滑如鳗类。过去人们一直都以为,两栖类来自总鳍鱼这种理论,恐怕难找到化石根据,活着的总鳍鱼根本就不可能。然而1938年和1952年,分别在南非近海先后捕到两条总鳍鱼,后来定名为矛尾鱼和马蓝鱼。进一步研究发现,那条定名为马蓝鱼的也是矛尾鱼。到目前为止,已经捕到80多条矛尾鱼,它们才称得上世界最珍贵的动物活化石。

中华鲟

鲟鱼在分类上属于鲟形目，这一目的特点体型长，近圆筒形，长2~5米，体色青黄、灰绿，腹白色。吻尖而突出，口小位于头部腹面，口前有两对须。性成熟慢，常10年左右。代表种有中华鲟、白鲟、鳇等。

中华鲟，体被5行大型骨板，体型似鲨，吻中等长，口腹位，歪尾。背鳍一个，胸鳍一对，较大而圆形，腹鳍、臀鳍较小。在我国分布在长江中、下游。成鱼性成熟慢，约10年时间，产卵后幼鱼顺流而下回到海中生长，待成龄后再溯江到上游产卵。

白鲟，又叫象鱼，身体光滑无鳞，仅尾部背侧有一列棘状硬鳞。白鲟吻长前伸如剑，有一对丝状吻须。长江、黄河均产，体长约2米，属大型鱼类。成鲟于春季溯江产卵，肉可食。卵是珍贵食品，鳔和脊索可制鱼胶。

鳇，体型似鲟，属鲟形目种类，与鲟不同的是左右鳃膜相连。鳇体型较大，体长可达5米，背灰绿色，腹黄色。鳇鱼生长缓慢，性成熟一般需要17~20年。每年初夏成鱼溯江产卵。主要分布在黑龙江流域。其肉鲜美，卵尤名贵，是鱼子酱的原料。鳔和脊索可制鱼胶。

此外，还有史氏鲟、达氏鲟等。

鳗 鱼

鳗鱼平时雌鱼与雄鱼分离一定距离而居，雌鱼一般生活于江河下游，雄鱼则只在河口附近生活，待性成熟后，雌鱼才来到河口与雄鱼共同游到深海中去繁殖，一

旦繁殖结束，雌雄鳗鱼便双双死去，幼鱼变态后进入江河中生长。所以，鳗类这种游动方式又叫降河洄游。

海鳗，又称狼牙鳝。从名字上就可以看出该类鳗鱼性情凶猛。其身体呈长筒形，长可达1米。体色银灰。口大、牙大，而且尖锐。背鳍、臀鳍与尾鳍相连接，无腹鳍，无鳞。海鳗肉食性，底栖生活。主要分布在红海、印度洋和西太平洋水域。我国沿海各省均有出产，为重要经济鱼类。

鳗肉嫩鲜美，是鲜食的最佳鱼肉，也可制成罐头、鳗鲞；鳔可制干，是名贵食品；肝可制鱼肝油。近似种如鹤海鳗。

有一种鳗可发电，叫电鳗，电鳗体侧有两对发电器，能发射强烈的电流。当有其他动物接近时便急剧放电，电压很高，足以击退入侵者，也可击昏鱼或虾然后食之，甚至有时能击毙渡河的马、牛等大型动物。电鳗体长2米以上，身体表面无鳞。肛门位于胸部。背鳍与臀鳍低而长，胸鳍小，腹鳍消失。

两栖动物

在距今大约 4 亿年前的泥盆纪末期，地球在经过长期的剧烈活动后进入了一个相对稳定、平和的时期。这个时期，几乎风和日丽，动物、植物都获得适宜的生长条件，出现了高速率的繁殖和增长期。炎热潮湿的气候，充足的光照使得当时的植物首先受益。那时的植物以高大的羊齿植物、木贼类植物为陆地生态系统的主体，到处是几十米高的树木，宽大的叶片把林下遮得闷热潮湿。尤其水源充沛的地方，这类植物长得异常茂盛。在生长过程中植物也有新陈代谢，那些又厚又宽阔的植物叶片盖在地上不断腐烂消化，水中的落叶层也加速分解，这就消耗了水中大量的氧气，结果是落叶使水域变小变浅；落叶分解使水污染变臭。水中的鱼类因此造成大批死亡。

古总鳍鱼类有肺，有内鼻孔，可以将鼻的部位扬起来露出水面从而得到空气中的氧；它们还有肉叶状的偶鳍，在环境迫使它们不得不离开其生活水域时，它们便试着用鳍爬行离开干枯的水域。当它们爬行到另一水域中，免去了被环境淘汰的恶果，而它们得到的收获是从此便敢于用鳍来代步向更好的环境转移。久而久之，用进废退的道理在它们身上发挥了作用，鳍在反复爬行中变成了附肢——腿。而鳃的使用由于陆生环境的增多而渐渐减少，结果最后让位于肺，就这样，水中生活的古总鳍鱼最终演化为早期的两栖动物。

林 蛙

中国林蛙又名蛤士蟆,体长 60～70 毫米,雌蛙可达 90 毫米。背部土灰色,散布着黄色斑点,鼓膜处有一深色的三角斑;四肢有清晰的横纹;腹面乳白色,散有红色斑点。背侧褶在鼓膜上方斜向外侧,随即又折向中线。雄蛙咽侧下方有一对内声囊,第一指上灰色指垫极发达。趾间有蹼。

林蛙主要分布于我国东北、华北和西北地区。喜欢生活于阴湿的山坡树丛之中,冬季群集河水深处石块下冬眠,早春产卵。其卵巢、输卵管又叫蛤蟆油,含有多种氨基酸,是高级营养品。

与其亲缘较近的还有分布于长江流域或以南地区的林蛙,比蛤士蟆小,体长 40～60 毫米,棕黄色,绿灰色或浅棕色。四肢有横斑纹,鼓膜处有三角形黑斑。腹面乳黄色或乳白色。皮肤光滑,背侧褶明显,从眼后直达胯部,在鼓膜上方不曲折。雄蛙无声囊,趾间有蹼。

蛤蟆油对中老年人健康有益。其肉鲜美,已成林区美味佳肴,加之售价高昂,近年对林蛙捕杀严重,大有一网打尽之势,故国家已明令加以保护。

四大家鱼

青、草、鲢、鳙四大家鱼属于鲤形目。这一目种类繁多,约 500 种,在鱼纲里除鲈形目外它最多,全世界在 1000 种以上。

鲤形目鱼类特征是:前四块脊椎骨愈合,体被圆鳞或裸露。代表种有鲤、鲫、青、草、鲢、鳙、鳊、鲇鱼等。

青鱼又称黑鲩,螺蛳青。大者可达 1 米,重 50 千克以上。青黑色、鳍黑色。头宽平、口端位、无须。主食螺蛳、蚌等,该鱼个体大,生长迅速,为我国主要人工养殖鱼种之一。

草鱼,体近圆筒形,长者可达 1 米,重达 35 余千克。青黄色、头宽平,口端位,无须。该鱼属底栖鱼类,主要生活在江河底部水域,以水草为食,在江河上游产卵繁殖。草鱼生长快,也是人工养殖的主要鱼种。

鲢鱼,即白鲢。体侧扁较高,大者可达 1 米以上,重 35 千克,体银灰色。口中等大小,眼下侧位。腹面腹鳍前后均具肉棱,胸鳍末端伸达腹鳍基底。鲢鱼生活于水域中上层,以海绵状的鳃耙滤食浮游植物。该鱼性活泼、善跳跃,可人工繁殖。

鳙鱼即花鲢,又称胖头鱼。体侧扁较高,体长可超过 1 米,重达 50 千克,背暗黑色,具有不规则小黑斑。头明显大,口中等大小,眼下侧位。腹面从腹鳍至肛门具有肉棱,胸鳍末端超过腹鳍基底。鳙鱼亦属上层水域鱼类,以浮游生物为主要食物,可人工养殖,生长较快。

偏口鱼——鲽

鲽的代表是比目鱼,鲽形目的鱼基本都和比目鱼相似,又统称为偏口鱼。这类鱼并不是自生以来就偏口,幼鱼时它们的身体还是左右对称的,眼也长在头的两侧,游泳姿势与其他鱼类一样正常。但经变态以后,两眼移向了一侧,由于久久横卧海底,朝下看变得没有意义,结果眼位上移,同到一侧。生物的演化就是这样,如果习惯于水底横卧,体形要么变扁,如鳐;要么保持侧扁,但朝下的一面一则不受光,二则不需要保护色,所以就像现在的鲽类,身体一面有色一面无色,呈灰白。

牙鲆,在我国产于黄海、渤海。体侧扁,两侧不对称,两眼都生于左侧。口在身体前端,下颌稍突出;前鳃盖骨边缘游离。有眼的一面体色暗灰色,无眼一侧白色。栖息于海洋底部,以底栖生物为食。

舌鳎,又叫牛舌,箬鳎鱼。舌鳎平时静静地侧卧海底,身体一侧向上一侧向下,身上往往沉淀一层泥尘。活动缓慢,性情温和。产于我国沿海海域。

从鲽形目的形态构造和生活习性又一次证明生物在漫长的进化过程中与它生活的自然环境达到了科学的统一,习惯于横卧水底,那么这种体型可以最大限度地减少水的压力,有利于它底栖生活的特殊方式。两眼位于同一侧,既可增强视感能力,又不因侧卧被身体遮住眼睛,如果另一只眼退化那就使整个视感能力下降了一半。两眼移一侧,不但没有下降,反而增强了。这就是自然选择的结果,是生物进化的客观规律。

鲱 鱼

鲱形目的鱼几乎都是十分名贵的鱼类,如鲥鱼、鲚鱼、鳔鱼、大银鱼、大马哈鱼等。如果说市场上价值最高的鱼(科研用的鲟、活化石类不算)就属鲥鱼了,一千克超过 200 元。

鲱鱼类的身体结构还保留一些原始状态,如骨化不完全,尤其头骨明显。背鳍、臀鳍无棘、鳍条柔软而分节。腹鳍的鳞为圆鳞;鳔有鳔管。

鲱鱼,背部多青黑色,腹面银白色。体延长,侧扁,体长只有 200 毫米,属小型鱼类。腹部具有细弱的棱状鳞片。鲱喜欢在冷水环境中生活,所以北太平洋较多,我国黄海、渤海都有大量出产。鲱鱼肉含油量高,鲜食最佳,精巢制成的鱼精蛋白是高级食品。

鲥,这种鱼体大,一般可达 700 毫米,体色呈银白色。它的上颌中间有一缺口,下颌中间有一突起,上下颌并拢时正好嵌镶在一起,腹部也是棱鳞。鲥鱼生在江河、长在大海,每当 3~4 年后,幼鱼长成便沿长江溯河而上,再从长江进入各沿江河口,在各大河流产卵。卵发育成幼鱼后,幼鱼再顺水经由长江来到大海生长发育。

爬 行 类

脊椎动物从水栖过渡到陆地生活，必须解决两个问题：一是设法活下来，二是能够延续后代。两栖类  必须回到水中去繁殖，它们终生没有摆脱水的环境。爬行类要在陆地上扎下根，它还得进行一系列的改变。

首先是皮肤，要耐得住干燥，或被角质鳞片或被骨板，以防止体内水分蒸发。其次是脏器必须得到充分保护，心脏、肺脏等要避免因碰撞而受伤，于是具有由胸骨围成的胸廓是最佳选择。再次是卵大型，外有纤维或石灰质硬壳，内有羊膜等充足水分、养料。加上爬行类均体内受精，受精卵发育时，卵内环境足以完成它的生理需要，不论卵产在何处，只要有适宜的温度，只要不被破坏，子代幼仔都会顺利孵出。这是动物进化了几亿年达到的最高程度。

羊膜卵能防止卵内水分蒸发，能克服一定程度的机械损伤，又有一定通气性，能保证胚胎发育过程中的气体交换。加上卵内卵黄丰富保证了胚胎发育过程中的营养供应，羊膜卵具有十分重要的地位和意义。实际上爬行动物以后所有高等动物，鸟、哺乳类以及人类胚胎发育过程中都发生羊膜，也称羊膜动物。正因为有了羊膜卵，才使爬行类真正摆脱了水生环境而在陆地上扎下根来并能传宗接代，延续发展，这是动物进化中的又一重大突破。

恐 龙

到了侏罗纪,距今1.8亿年前,翼龙类、恐龙类、鱼龙类以及蛇龙类几乎占据了地球上所有水、陆、空环境,无论从种群数量上、种类上,都占有地球生物的绝对优势。它们简直就成了地球的霸主,极盛一时,繁荣一时,这就是后人所说的恐龙时代。

当时的恐龙类家族不乏庞然大物,如剑龙、禽龙、三崎龙、单角龙、雷龙、梁龙、巨齿龙、蛇颈龙、羽齿龙、翼龙、鱼龙等,高达十几米、几十米,体重几十吨的几乎比比皆是,它们十分活跃。

到了白垩纪,也就是距今1.35亿年的时候,恐龙突然从地球上消失了。究竟是为什么,成了千古之谜。对它的解释归纳起来基本有两种:一种是小行星撞击地球说。认为当时从天体突然飞来一颗几千米大小体积的小行星,由于它飞行轨道离地球太近,结果在地球引力下一头撞向地球。这一撞不要紧,整个地球都被强烈震颤了,地面掀起的烟尘升起几十千米的烟云,遮天蔽日。太阳被遮住了,地面变得寒冷,空气污浊,万木凋零,大部分动物、植物都死亡了,尤其恐龙类这些庞然大物,食量大,根本无法长期活下来。

另一种说法也是认为有行星撞击了地球,但在阐述死亡原因时,认为主要是撞击引起的震动,震动就足以让地球上一切高等动物丧生,更不用说没有食物。但是,人们总希望有一天能找到完美的解释和满意的答案。

蜥蜴

蜥蜴属爬行纲有鳞目。这类动物体表都被角质鳞,有些种类鳞下还有小骨板。头部、颈部、躯干部、尾部明显。大多数种类具四肢,也有个别种类没四肢,如蛇蜥。还有只有前肢或后肢的,但有四肢的种类指、趾末端均具有爪。齿细小,舌的形状、长短随种类不同变化很大。有的种类除具有普通的眼外,还有颅顶眼,这可谓三只眼的动物了。有胸骨和肢带。以昆虫、蜘蛛、蠕虫等小型动物为食。如:蛇蜥、草蜥、壁虎等。

草蜥,又叫蛇舅母。体长 250 毫米,尾很细长,差不多等于头和躯干长度的 2 倍还多。背面绿褐色,腹面灰白色;体侧下方绿色。背部有大鳞 6 行。生活于草丛间,以昆虫为食。分布于我国南方各省。

巨蜥,蜥蜴中体型最大,体长可超过 2 米。背面呈橄榄色,有不明显的黄色点状环纹;腹面黄色;尾侧扁,梢端尖细。主要分布于我国广东、云南等地。

鳄蜥,又叫雷公蛇。体长 360 毫米,背面黑色,腹面带红色及黄色,有黑斑。

蛇蜥,外形像蛇,体长 2 米,背面褐色,有暗色侧带和绿色黑边的横带;腹面褐色或黄色,头部似蜥蜴。四肢退化,体侧有纵向细沟。分布于东南亚。

鳄 鱼

鳄类的代表主要有扬子鳄、美洲鳄、湾鳄、非洲鳄、印度鳄等。

扬子鳄，鳄中体形较小者，长约2米，背面的鳞为角质鳞，共6横列。背部暗褐色具黄斑和黄条，腹面灰色，有黄灰色小斑和横条。扬子鳄现存数量极少，已经濒临灭绝边缘。目前属国家重点抢救保护的野生特产动物。它喜欢穴居池沼底部，以鱼、蛙、鸟及鼠类为食。冬季在穴中冬眠。分布我国太湖流域和安徽南部青弋江沿岸。

湾鳄，体型较大，长7~10.5米，是鳄类中体型最大的一种。体色为橄榄色或黑色。湾鳄性凶猛，常袭击人畜。其活动范围很广，主要分布于印度、斯里兰卡、马来半岛至澳大利亚北部。我国广东沿海偶有发现。

美洲鳄，这是一种产于北美洲东部地区的一种鳄类。该鳄的特点是雌雄异型，大小不一。雄鳄大，长可达4米以上，雌鳄小，体长不到3米。其体色背面暗褐色，腹面黄色。吻又扁又宽，上面平滑。躯干部的背面的角质鳞共有18横列，其中有8列较大。

非洲鳄，这是一种性情残暴的鳄鱼，主要穴居在河岸的地下，对来到水边的兽类它们从不放过。该鳄体长4~5米，大者可达8米。特点

是吻宽，略呈长三角形。躯干部背面有坚固厚重的鳞甲6~8纵列。四肢的外侧有锯齿一样的边缘，趾间有蹼。背面暗橄榄褐色，腹面淡黄色；幼鳄颜色较淡，有黑色斑点和不规则斑纹。分布于非洲尼罗河上游。

三大毒蛇

金环蛇、银环蛇、眼镜蛇被称为我国蛇类中的毒蛇王。如果加上海里的海蛇,这就是水陆蛇中四大毒王了。

金环蛇,体长 1~1.8 米,头部、颈部的背面黑色,吻部褐色,身体背面、腹面均有 24~33 个相间排列的黑色与黄色环带,黄色环带比黑色环带窄。金环蛇栖息在几乎各种环境之中,只要有食物、温度适于它生长发育,就不难见到它的踪影。它喜欢吞食蜥蜴、鸟卵、鱼类及蛙类。适于生活在温暖潮湿的地方。分布主要在长江以南,印度与东南亚也有。

银环蛇,它几乎与金环蛇、眼镜蛇等同栖一类环境,生活习性、生物生态特性也多有相近的地方。银环蛇比金环蛇小,其中有的种类只有 0.6~1.2 米,如云南银环蛇又叫寸白蛇,小白花蛇。但大多都可达1.6 米。银环蛇体黑色,躯干部有 35~45 个白色环带,尾部有 9~16 个白色环带;腹部乳白色。这是它与金环蛇的主要区别。主要分布在长江以南及东南亚一带。

眼镜蛇,长约 1 米,颈部与躯干部的颜色和花纹变化很大,一般颈部有一对白边黑心的眼镜状斑纹;躯干黑褐色,有环纹 15 个;腹面黄白或淡褐色。生于丘陵地带及平原,以鳝、蛙、蟾蜍、蛇、鸟、鼠等为食。毒牙前面有沟,怒时前半身竖起,颈部膨大,"呼呼"作声。眼镜蛇分布于我国南方各省,也产于印度、东南亚地区。

鸟 类

　　自古以来人类就把鸟看作自己亲密的朋友，当燕子筑巢屋檐下，居家老少都引以为荣，感到日子富裕，连鸟也愿意光顾。当喜鹊、白鹭筑巢自家的山林，都主动呵护，甚至定期饲喂一些粮米。那些容易驯服的鸟，人们总是千方百计地将它们养在家里。在长期的共处中，一些鸟成了与人们朝夕相伴的家禽：养鸡、养鸭、养鹅几乎成为我国劳动人民生活的组成部分。

　　人类为了生存必须耕种五谷、营造森林，可是大自然中许许多多以农林作物为食物的昆虫，足以造成作物减产、森林毁坏，而有了鸟类情况就大不一样了，绝大多数鸟终生或一生中的某个阶段都以昆虫、小动物为食，正是它们每天早出晚归帮助人们看护田野、山林和草场，控制着有害生物的发生和发展，维护着五谷丰登，林茂粮丰。对此，人们真要感谢它们，尊重它们的存在，把它们看作忠实的朋友。

　　一只猫头鹰一生中要捉 1000 多只老鼠；一只灰喜鹊育雏期间要捉几千只松毛虫；一只家燕一个夏天要吃掉成千上万只蚊子……它们默默地守护在人们的周围，为人类做着不求回报的无私奉献。

鸟类的识别

平时观察鸟的形态要从头到脚,观察越细,研究越仔细、深入,对鸟类的识别也就越自如,越准确。

形态观察从嘴开始,嘴也叫喙。鹤的嘴长长的,鹬的嘴长而向下弯曲,火烈鸟的嘴像个钩子但又似锄,雀类的嘴像圆锥,鹰的嘴如锐利的钩子。观察体形可选好参照对象,如麻雀常见,与麻雀大小差不多的有鹀类,黄胸鹀,三道眉草鹀;比麻雀小的如柳莺;与喜鹊大

小差不多的有杜鹃、灰椋鸟、鸫类等;与鸡差不多的雉鸡、锦鸡、沙鸡、榛鸡;与鸭差不多的有鸳鸯、斑嘴鸭、绿头鸭、赤麻鸭;与鹅差不多的有天鹅、大鸨、鹤等。

爪也是区分鸟类的根据,鸭、雁的爪具蹼,鹰鹞的爪如利剑,骨顶鸡的爪酷似鸡爪但又长着蹼⋯⋯

最重要的识别依据那就是羽毛。羽毛的形状与颜色往往使我们一眼就能认出是什么鸟,如孔雀,它那美丽如屏的羽毛十分显眼,尽管有蓝孔雀、绿孔雀和白孔雀之分,但几乎不用旁人指点,就不会认错。一般羽毛以黑色为主的有骨顶鸡、乌鸦和黑鹳;以白色或灰色为主的有池鹭、天鹅、白鹳、丹顶鹤、大鸨;以灰色为主的有杜鹃、椋鸟;以绿色为主的有绿啄木鸟、柳莺、金翅雀;以黄色为主的有黄鹂、黄喉鹀、黄胸;以红色为主的有雉鸡、北朱雀、红点颏;以蓝色为主的有三宝鸟、蓝翡翠、蓝点颏;以褐色为主的有鹌鹑、山斑鸠、斑嘴鸭、麻雀⋯⋯

鸟类之最

鸵鸟是现存鸟类中体型最大者，它后肢发达，粗壮而有力，奔跑起来每小时可达 35 千米，能驮动人而行走自如。鸵鸟的翼短小、退化，羽毛无羽小钩也不形成羽片，因此无飞翔能力。其代表种有非洲鸵鸟、美洲鸵鸟、鹤鸵、几维鸟等。

非洲鸵鸟，体大，高可达 2.5~2.75 米，重 75~172 千克。雄鸟大、雌鸟小，胸骨不发达，尾羽蓬松而下垂。足具二趾，趾底有肉垫，走起来悄然无声，但步伐有力，步幅大。雄鸟体羽主要黑色，翼羽、尾羽白色；颈部呈肉红色，分布有棕色绒羽。雌鸟羽毛污灰色。该鸟喜欢群居，食性杂，卵大，每枚重 1~2 千克。

美洲鸵鸟，比非洲鸵鸟体型小，一般为 1.4~1.5 米，雌小雄大。尾羽退化，但两翼的羽毛发育较好。头顶、颈部后上方和胸前的羽毛为黑色，头顶两侧和颈下方黄灰色或灰绿色。背、胸两侧和翼褐灰色，其余部分灰白色。足具三趾，善驰走。该鸟喜欢群居，往往一雄多雌。

鹤鸵，又名食火鸡。体高约 1.8 米。翼退化，足长善走。副羽发达，几乎与正羽等大，故体羽显得粗毛状，主要黑色。头部裸出，具有大而侧扁的角质冠。颈大部分裸露，颈下有明显肉垂。该鸟怕光，早晚觅食，以果实、树芽及昆虫为食。主要分布在澳大利亚、伊里安岛和邻近岛屿热带密林之中。

鸭雁类

　　绿头鸭，雄鸟头与颈辉绿色，仅中央四枚色黑而上卷。雌鸟尾羽不卷，体黄褐色，并缀有暗褐色斑点，又称大麻鸭。

　　斑嘴鸭，雌鸟稍小。两性颜色近似，多为深棕色至棕褐色。喙黑色，只尖端黄色，又叫黄嘴尖鸭。

　　罗纹鸭，头部暗绿色，颜面稍淡，具羽冠，喉和前颈有白缘，黑色领环。三级飞羽呈镰刀状。体羽主要呈灰色，有斑纹，翼镜暗绿色。雌鸟通体褐色带黑色斑纹。雄鸟夏羽除两翼外，与雌鸟羽色相同。常成群结队生活在河、湖边水域。

　　鸿雁，雌鸟较小。嘴黑色，嘴的长度大于头部长度。雄鸟嘴的基部有一个膨大的瘤，雌鸟瘤不明显。雌雄鸟身体羽毛均为棕灰色，由头顶到颈后有一红棕色的长纹。腹部有黑色的条状横纹。越冬前成群结队迁徙到南方，春季再迁飞回北方繁殖，空中飞行时或排成"一"字队形或排成"人"字队形，由头雁领飞，落地过夜有站岗放哨的雁，负责警卫。鸿雁每年准时南北迁徙，世代不变。

　　天鹅，雁类中体型最大，也是最珍贵的鸟之一，雄鸟体长达1.5米，雌鸟略小，颈极长，飞翔时头与颈部向前下方伸直。天鹅羽毛洁白，嘴端黑色，嘴基部黄色。天鹅喜群居，在湖泊、沼泽湿地苇塘草丛及高大树上筑巢。天鹅善飞翔，飞行时又高又快，分布也极广泛。常见的种类还有疣鼻天鹅、短嘴天鹅，都是我国重点保护鸟类。

丹顶鹤

鹤类也属涉禽,体中到大型。鹤类特点明显,嘴长、颈长、脚长。

嘴长,嘴等于或长于头的长度。嘴直,鼻孔椭圆形,后缘有膜遮盖,鼻孔位于鼻沟的基部。两翅大而稍尖圆形,尾羽12枚。后趾高,与前三趾不在一个水平面上。爪短,蹼不发达。

鹤类生活在开阔的沼泽地带,有时在海边或耕地。除繁殖期多基本群栖。巢筑在水边苇草上,巢形简单,呈浅盘状。雌雄鸟均参与孵卵。食物以昆虫、鱼类、蛙的蝌蚪为主,也食嫩草、种子。该类鸟叫声高亢响亮,飞翔时头颈前伸,两腿向后伸直,野外极易识别。分布于东半球、北美洲西部,主要在我国东北的西部繁殖,迁徙时几经全国各省。

丹顶鹤,体长在1.2米以上。体羽主要为白色。喉、颈部暗褐色。尾短,喙、颈和跗跖都长。头顶皮肤裸露,呈朱红色。飞羽黑色,两翼折叠时覆于整个白色短尾上面,易被误认为尾羽。喜欢浅滩中走动觅食。分布于吉林西部、黑龙江西部水域。虽为候鸟但人工繁殖后代不愿随队南飞,有时在农家屋内越冬。吉林省向海保护区人工孵出的丹顶鹤喜欢在参观者中间跳舞,索求食物。丹顶鹤是一种吉祥鸟,是长命百岁的象征,常被画家与青松画在一起,寓益寿延年之意。

猛禽类

鸢,体长约 65 厘米,上体暗褐色杂棕白色。耳羽黑褐色,又叫黑耳鸢。下体大部分为灰棕色带黑褐色纵纹。翼下具白斑,尾叉状,翱翔时白斑可见,易于辨认。分布遍及全国,留鸟,栖高树。

苍鹰,雄鹰,约 50 厘米,头部黑色,其余皆苍灰色。下体灰白密布暗灰横斑和近黑色羽干纹,雌鸟近似雄鸟,体略大,以兔、鼠、小鸟等为食。可驯养狩猎。

金雕,雌鸟体长约 1 米,雌雄同色。头顶羽毛金褐,栖山林,性凶猛力大,可猎食山羊,营巢山崖或大树上。

海雕,又名海冬青。嘴厚长,跗跖上部被羽。雌雄同色。其中白尾海雕体长可达 80 厘米,头部羽毛白色有褐斑。上体暗灰色,胸以下褐红色,有灰褐斑,尾部白色。是满族驯化狩猎对象。

秃鹫,体长可达 1.2 米,黑褐色,颈后裸秃。栖高山,食腐尸,多见于西南山地。

兀鹫,体长 0.9~1.2 米。头和颈部羽毛退化而裸露,翼宽大有力。嘴扁,爪不锋利,不能活捉猎物,喜食腐尸。

红脚鹎 体长 30 厘米,体灰,肛周尾下及两腿棕红色。雌鸟暗灰,尾杂黑褐横斑。胸以下棕白色,有黑褐纵纹。肛周、两腿橙黄色。

猫头鹰,喙、爪弯曲钩状、锐利,嘴基具蜡膜。眼四周羽毛呈放射状,形成"脸盘"。周身褐色,有细斑,飞无声,夜间活动,以鼠等为食。

鹑鸡类

白鹇，体长1.1~1.4米,头上的长冠以及纯蓝黑色而有光泽的腹部和腿部平时都被覆盖在上体和两翼洁白的羽毛之下。有V形黑纹。尾长,中央尾羽纯白。头裸出部分与足均红色。雌鸟上

体、两翼及尾橄榄棕色,枕冠近黑色。下体灰褐带灰白斑纹。往往一雄多雌结群觅食。

锦鸡,如红腹锦鸡,体长约1米,头部具金黄色丝状羽冠,敷覆颈上。后颈围生金棕色扇状羽,形如披肩。周身羽色主要为:上背浓绿,羽缘带黑。其余背羽和腰羽浓金黄色,至腰侧转呈深红。尾羽大半黑褐,橘黄相间呈斑状,端部转褚色。下体自喉部,几纯深红,肛周淡栗色。往往单独或成对栖于岩石间矮树丛。杂食。

孔雀,有白孔雀、蓝孔雀和绿孔雀之分,产于云南西南部和南部。为鸟类的皇后,十分美丽,华贵。体长可达2.2米,羽色绚烂,以翠绿、亮绿、青蓝、紫褐、纯白等色调为主,多带金属光泽。尾羽延长成尾屏,上具五色金翠钱纹,开屏时五光十色,极其娇艳无比。雌鸟无尾屏,羽色也不华丽。该鸟多栖于山脚一带溪流沿岸或农田附近,以植物的种子、浆果等为食。春夏之交一雄数雌结群觅食,秋季则更结成大群。

攀 禽

　　不是所有的鸟都能稳稳地站在树枝上,鸭子不行,鹅也不行,它们的脚有蹼,握不住。但绝大多数鸟类虽能站稳枝头,但在树枝上旋转自如甚至可以倒挂枝头,这就非攀禽莫属了。为什么呢?原来攀禽类的足趾四个,两个向前,两个向后,形成能握紧树枝的对趾型足,哪怕有三个向前,一个向后,那么这四个趾也一定在一个水平线上,便于抓握。比如鹦鹉、雨燕,都是如此。

　　鹦鹉,喙粗大钩曲似猛禽,基部具蜡膜。足对趾型,舌柔软,能仿人语。体羽有绿色、绿蓝色、红色、粉色等,特别艳丽,雌雄、幼鸟都相似。

　　四声杜鹃,叫声四个音阶一停,如"快快割麦"。四声杜鹃体长30厘米左右,雄鸟头顶和后颈均呈暗灰色,头侧淡灰。背部及两翼表面呈浓褐色。中央尾羽与背同色,有一道宽阔的黑色近端横斑。胸部乳白色。喜居山林,以昆虫尤其害虫为食,为益鸟。

　　大杜鹃,叫声两个音阶一停,如:"布谷""布谷"。早春它活跃时正是种地时节。体长33~35厘米。雄鸟上体纯暗灰色;两翼暗褐,尾羽有白色细点,其余黑色。上胸、头、喉、颈淡灰色,腹部白色有黑褐斑。雌鸟羽毛与雄鸟相似,但上体灰色沾褐,胸棕色。

　　大杜鹃懒惰不筑巢,把卵产于苇莺等其他鸟的巢中,嗜食松毛虫,为重要益鸟。

燕

　　雨燕嘴扁短而稍曲,基部阔,无嘴须,翅尖而长,尾叉状,四趾向前,后趾能转动,雌雄相似,唾液腺发达,尾腺裸出。往往成群在空中飞舞,飞行时取食,以昆虫为主,每窝产卵两枚。

　　金丝燕,体形较小,羽毛褐色。嘴短而弱,无嘴须,先端呈钩状。翅长而尖,飞羽折合后远超过尾端,尾羽叉状。脚小,淡红色,跗跖部无羽,唾液腺发达,能把未消化的鱼和唾液腺混合构筑成巢。它就是著名的"燕窝"。分布于云南、西藏、四川、广东。

　　白喉雨燕,又叫白喉针尾雨燕,体长20厘米以上,体羽背部中央淡白色,其余黑褐色。翼羽和尾羽黑辉蓝色,尾羽尖端裸露如针。飞行疾快,每小时可达250~300千米,为鸟类中飞行速度最快者。飞行时吞噬害虫。分布于东北及沿海各省,繁殖于东北。

　　白腰雨燕,体长近20厘米,上体羽毛黑褐,颏、喉、腰部羽毛白色,有黑色羽纹。翼尖超过尾叉甚多。胸、腹暗褐色,羽端白色。栖息山地,雨天高空飞翔,营巢于岩洞、岩礁上,常集群,群飞群落。以昆虫为食。分布我国东部、北部和西北。

鸟类的繁殖

鸟类的繁殖方式表现出鸟类与自然环境的适应与进化，这是鸟类在长期的自然选择中形成的独特习性。如利用温暖的春夏季繁殖，这有利于孵卵温度的满足，有益于雏鸟对食物的需求，也适于雏鸟的生长与发育。春季日照多，雨水少，万物复苏，昆虫也活跃起来，这正是繁殖的好季节。鸟类在繁殖时还表现出以下习性：

一是占区与配对。鸟在繁殖期，其营巢、交配、孵卵、育雏等活动都有一定活动范围，叫巢区，鸟类繁殖之前先占巢区。选好巢区后便整天鸣叫，目的是告诉其他雄鸟"这块领地是我的，你别来！"再就是吸引雌鸟来与自己共同"成家立业"。

二是筑巢。不同鸟筑巢方式，巢材选择，巢的大小、形状，筑巢位置、地点都不一样。大体有几种：第一，浅巢。夜鹰、鸵鸟就地产卵，巢只有些乱草、树枝。第二，泥巢。家燕、金腰燕的巢是河泥垒起来的。第三，洞巢。啄木鸟、鹦鹉在树洞筑巢。第四，枝架巢。乌鸦、喜鹊在树上用树枝搭巢。第五，吊巢。黄鹂的巢用树叶、草、马尾织成吊在树上，柳莺用纤维将两片树叶缝合后当巢。鸟类筑巢地有三点必须满足，即食物丰富、隐蔽和近水源。

三是产卵与卵育。鸟种类不同，卵的大小、形状、颜色千差万别。每窝产卵个数也不一样。山鹬一窝13~18枚，榛鸡一窝8~10枚，家鸡可产几百枚。蜂鸟的卵如豆粒，鸵鸟卵重达几千克。鸡孵化21天，鸭孵化28天，雁类可达42天，大型猛禽可达两个月。

益鸟三杰

松鸦体长 30 厘米左右，除面部有黑色颊纹外，通体大多呈均净的紫灰色至红灰色。腰部羽毛有白色带。翼上缀有黑、白、蓝三色相间的明显丽斑。栖息山林，以树上昆虫为食，尤其育雏期消耗害虫最大，为重要益鸟。分布国内各大林区。

灰喜鹊又称蓝膀鹊。体长 40 厘米左右，头部黑色。体羽概灰蓝色，而上体较下体深暗。翼和尾苍蓝色。中央尾羽尖端白色。该鸟为森林益鸟，嗜食松毛虫等森林害虫。性温顺。

啄木鸟为典型攀禽，旋转攀缘于树干如履平地一般。喙强直而尖锐，可凿开树皮、凿出树洞或穴居洞中或寻找树干中害虫以食之。舌细而长，能伸到虫孔中将害虫钩出。尾呈楔形。如大斑啄木鸟、绿啄木鸟等。

大斑啄木鸟，体长约 22 厘米，上体多黑底白斑。绿啄木鸟，体长近 30 厘米，体羽主要为绿色，雄鸟头顶红色。冬季不迁徙，为留鸟。

哺乳类家族

哺乳动物通常也叫兽类，是一群形体庞大、分布广泛的十分活跃的动物类群，是生态系统中食物链的顶级群体。现存的种类不少于4200种。它们是不同生态环境中的霸主。在森林生态系统中有老虎、豹子和熊；在草原生态系统中有狮子和猎豹；在海洋生态系统中有鲸、豚、海象、海狮；就是在人们的生活中，家畜也占有重要地位。食草的哺乳类无论是角马、斑马还是羚羊，几乎每一种都有庞大的种群，它们在草原生态环境中虽然斗不过狮子、猎豹，但猛兽们捕捉到的却总是它们之中的老弱病残，这些正是应该淘汰的对象，这对家族兴旺、种族延续都十分重要。

哺乳动物按进化过程、形态结构和生物学特性，又可分成三大类别，即原兽类、后兽类和真兽类。

原兽，即最原始的兽。这类哺乳动物还保留着爬行动物的某些特征，如卵生、粪、尿、生殖均通过一个孔排出体外，叫单孔类。但它们体表被毛，体温恒定，用母乳喂幼仔，这又与哺乳动物几乎相同，比如鸭嘴兽。

后兽，显然是指原兽之后出现的兽，它们介于原兽、真兽之间，比原兽进化又比真兽低等。如已经从卵生过渡到胎生，但这种胎生又无真正的胎盘。特别是妊娠期不足，幼仔在母体内还没有发育完全就生出来，幼仔很弱，只好在母体外再待一段时间。如袋鼠、腹部有育儿袋，幼仔出生后先放到袋中再继续呵护。

真兽则完全具备了高等哺乳类的一切特征，这一类大约4000种。

翼手类

兽类能不能飞?有没有会飞的哺乳动物?有,翼手目动物就是一例。为什么叫翼手目,就是这类动物的前肢变为了翼。前肢与后肢、后肢间有薄而无毛的翼膜。这部分动物均属夜行性动物,昼伏夜出。翼手目分两类,即大蝙蝠亚目、小蝙蝠亚目,现存约有 900 种。它们的共同特点是视力弱,听觉、触觉灵敏,耳壳大,内耳发达,能借回声定位引导飞行。

狐蝠体形比一般蝙蝠要大,第一、第二指都有爪。如台湾狐蝠,体肥胖,长 18 厘米左右,扩展双翼约 70 厘米,体色灰褐。以植物果实为食,对果园有害,分布东半球热带和亚热带地区。

大耳蝠,体形较小,体长 4.4~5.4 厘米,前臂长可达 37~46 厘米,耳大而长,两耳之间有皮相连。尾基长,包在股间膜内。体背面浅灰褐色,腹毛灰白色,毛的基部黑褐色。夏季栖居于树洞,房屋顶棚,废墟的墙缝或洞穴。冬眠多在山岩洞内,冬眠时身体倒挂,耳折于臂下。

普通蝙蝠,体小,前臂长 4.1~4.8 厘米,耳短而宽,尖端圆钝,基部较窄。翼膜从趾基开始。身体背部毛基为黑褐色,毛端颜色浅白、鲜艳,发银光,一般称之为"寒毛"。体侧与胸膜毛色较浅淡,特别是颈部与腋下毛色浅白,与褐色的背毛形成鲜明对照。

猿与猴类

猿、猴为灵长目动物，是动物界最进化最高级的类群，是人类进化的前身。它们有很多高级的特征，前肢的拇指与其他四指对生，可以握东西；指端有指甲。后肢也如此，但后肢骨骼、肌肉发达，能直立行走，尾有或无。眼眶向前，眼周骨环突出。锁骨发达，与前肢的活动能力相关联。

金丝猴，体长约70厘米，尾长约与体长相等。无颊囊。背部有发亮的长毛。颜面青色；头顶、颈部、肩、上臂、背和尾灰黑色；头侧、颈侧、躯干、四肢内侧褐黄色。生活于海拔2500～3000米的高山密林中。

黑猩猩，体高1.2～1.5米，重47～74千克。毛黑色，皮肤呈浅灰色至黑色。头较圆，耳大，向两边突出，眉骨较高，鼻小，唇长而薄，前肢长过膝部。生活在非洲中部、西部热带森林。群居树上，筑巢而居。杂食性，啃食果实。性成熟期雌性为8～10岁，雄性10～12岁。寿命60岁左右。

大猩猩，也称大猿。体躯壮大魁梧，雄性身高约1.65米，雌性高约1.40米。前肢比后肢长，两臂展开可达2.72米。后肢拇趾靠近其他四趾，犹如人的脚，适于地面生活，善跑善走。犬齿特别发达。脑比人脑小得多，但结构已十分相似。毛黑褐色，略发灰，老年时灰毛增多。栖于密林。雌性和幼仔树居，雄性多地面生活。性凶暴。以果实、嫩芽等为食。

兔

家兔，门齿发达，上唇中央有裂缝，灵活。耳长，眼大而突出，尾短上翘。前肢五指，后肢四趾，后肢较前肢长，善跳跃。胆小，听觉、嗅觉敏锐。繁

殖力强，生后 6~8 个月性成熟，妊娠期 30 天。每胎产 4~12 头幼崽。成兔体重可达 5 千克左右，寿命约 10 年。

东北兔，体长 31~50 厘米，体重 1.4~3.7 千克。头部和身体背面，由黑色长毛与浅棕色毛相间而成。颈部黑毛较少，形成一纯棕黄色区域。耳短，向前折不到鼻端。耳前部棕黑色，后部棕黄色，边缘白色，尖端棕黑色，具灰色毛基。腹毛纯白，但颈下具一棕黄色横带。东北兔平时无固定住所，仅怀胎及产崽时才找个地方安巢栖居，白天多隐匿，夜间活动。灌木丛、杂草丛都是它们常待的地方。善于奔跑、跳跃，有较固定的行走路线。以树皮、嫩枝、草类等为食。分布于东北各地，肉、毛皆可利用。

蒙古兔，也叫草兔。体形略大，头与身体背面淡棕色或沙棕色，前额及背部有尖毛为棕黑色，呈棕黑色波纹。耳较长，向前折可达鼻部后方，耳褐棕色，具黑尖。躯干两侧及腹面白色。体长 40~48 厘米，体重 1.54~3.00 千克，耳长 8~11 厘米。

豚 与 鲸

　　大型水栖兽类——鲸,体形庞大,似鱼但非鱼。身体呈流线型,前肢鳍状,后肢退化,体末端像鱼一样有一水平分叉状的尾鳍。多数种类有由骨骼和脂肪形成的背鳍。难怪人们习惯叫它们鲸鱼。无耳壳、无体毛,也无鳞,皮下脂肪发达。背有喷水孔。腹部有一对乳房,可借皮肤肌的收缩挤出乳汁喷入幼鲸口中。代表种有蓝鲸、抹香鲸、白鱀豚等。

　　白鱀豚,也叫淡水海豚。体长约 2.5 米,嘴长,有齿约 130 枚,齿根侧扁而宽。有背鳍。体背面淡蓝灰色,腹面白色。以鱼为食,生活于洞庭湖及长江中、下游一带,钱塘江也有发现。冬季常三五成群。

　　抹香鲸,雄鲸体长 10～19 米,雌鲸体长 8～15 米。头部极大,口内有齿。背面黑色,微现赤褐;腹面灰色。用肺呼吸,在水面吸气后即潜入水中,潜水可达 45 分钟。以浮游动物、软体动物及鱼类为食。进食方式为滤食,一口将水吞入口中,待水吐出时将食物滤出吞下。每胎一仔。

　　海豚,体形似鱼。体长 2～2.4 米,有背鳍。嘴尖,上、下颌各有尖细的齿 94～100 枚。常成群游于海面,以小鱼、乌贼、虾等为食,分布各海洋。

　　蓝鲸,也叫剃刀鲸,为鲸中体形最大者。体长一般 20～25 米,有的达 30 米。由于通体蓝灰色而得名,有白色斑点。在近海岸食浮游性甲壳类。

狼 与 狐

　　狼，体形如犬，但腿长、体瘦、尾巴垂在臀后。嘴角比犬深。眼斜，耳竖立不曲。毛色随季节变化，夏草黄褐色，冬淡灰色。狼性凶暴，敢于单独袭击人畜，往往集合成群，为人畜之害兽。分布广泛、亚、欧、北美洲均有分布。栖息山地、平原，但不去深山老林，避开虎、豹生活区。

　　白狐，即北极狐，体比普通狐小，吻不尖。耳短而圆，颊后部生有长毛，跖部也生有密密长毛，给人一种"毛头毛脚"的感觉。适于雪地行走，冬毛纯白，鼻尖黑色；夏毛青灰，又叫青狐。北极狐极可爱，样子乖乖，胆小、机警，以鸟、鸟卵等为食。

　　狐，也叫红狐、赤狐。体长70厘米，尾长45厘米，毛色变化大，赤褐、黄褐、灰褐色均有；耳背黑褐色，尾尖白色。栖息于森林、草原、丘陵地带，以树洞、土穴为巢而居，傍晚出外觅食，天明始归。

　　沙狐，体长50～60厘米，尾长25～35厘米。毛淡棕色到暗棕色；耳壳、背、四肢外侧灰褐色，内侧、鼻周、腹面白色。尾端暗褐或黑色。该狐生活在草原及半沙漠地区，昼伏夜出，行动敏捷。以鼠、兔、鸟等为食。分布在内蒙古、河北、西北一带。

熊

食肉哺乳动物中，熊类属大型至中型兽类。其体粗壮，四肢短而有力，爪强利，头阔而圆，吻长眼小耳小。食性杂。代表有白熊、棕熊和黑熊。

白熊，也称北极熊。体形高大，长可达3米。毛长甚密入水不浸。全身纯白色，老年者稍带淡黄。冬季主食海豹、海鸟和鱼类，夏季主食植物。善游泳。分布于北极区内，如冰岛、格陵兰、加拿大、俄罗斯。

棕熊，体大，但比北极熊要小。体长约2米，高1米多，站立时2米以上。通常褐色，耳有黑褐色长毛；胸部有一宽白纹，呈"V"字形，有时延至肩部；前、后肢黑色。棕熊生活在北温带林区，杂食性，主食植物幼嫩部分及果实，也吃昆虫、蚁、蜂蜜、鸟卵等。方便时也顺便捕获动物。冬季在树洞中冬眠，不吃不动，偶尔舐熊掌。春季出洞生殖，每产1~2仔。分布东北、西北和西南。

黑熊，体比棕熊小，体长约170厘米，体重100~150千克，最大可达200千克。头宽阔，吻较短，鼻端裸露，耳长而显著。尾短小，四肢粗壮，前后肢均具五趾，爪尖锐。前足腕垫较大和掌垫连成一片。全身毛色为富有光泽的黑色；鼻面部栗棕色；下颌白色，从两肩内侧向胸部中央由白色短毛构成"V"字形横斑。幼熊毛色黑棕，头部颜色淡。头骨较棕熊短宽。

熊 猫

　　国宝熊猫也属于食肉类哺乳动物,分类上为食肉目,熊科。但其种类很少,只一属一种即熊猫。

　　熊猫性温顺,体态憨厚可掬,逗人喜爱。熊猫种类少、数量少,分布又十分有限,所以,人们称其为国家级的野生动物。

　　熊猫似熊,体比熊小,长约 1.5 米,肩高约 66 厘米,尾很短。全身被浓密的毛,有光泽。眼周有一圈黑色,呈明显的黑眼圈。耳为黑色,肩与前后肢黑色,其余均为白色被毛。

　　熊猫生活在 2000～4000 米海拔的高山竹林内,以箭竹为食。箭竹营养成分很少,主要是纤维素。熊猫的消化能力特好,对纤维素消化十分适应,但因竹子营养物质有限,为了维持其体内代谢营养需求,熊猫一天到晚总是不停地吃。

　　食物单调是大熊猫难以扩大种群的关键,箭竹分布很少,而且竹子到一定生理年限要开花死去更新,这对大熊猫是个威胁。人工繁殖大熊猫研究就包括了如何改变大熊猫的食性。目前,保护区的大熊猫在科研人员的诱导下也开始食用人工饲料,相信不久的将来或许有所突破。如果人工饲料饲养成功,那么将来放养到自然界的熊猫就可能在箭竹开花时设法活下来,这是人们所希望的。

紫貂与水獭

紫貂，体形细长。体长 36～45 厘米，尾长 11～14 厘米，体重 0.5～1 千克。耳大，尾端毛甚长，蓬松。头部浅褐，体暗褐色。爪基尖利，适于爬树。栖于针叶林、针阔混交林，筑窝石堆树洞，昼伏夜出。每胎 1～4 仔。幼仔毛白色，哺乳 40 天后独立生活，3 岁成熟。以鼠类、鱼类、鸟类为食。毛皮极珍贵，被誉为东北三宝之一。

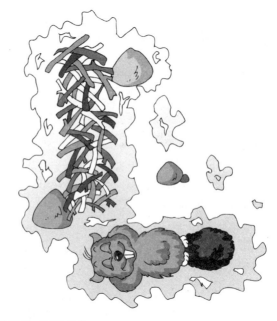

水貂，体长 40～60 厘米，雄大雌小，尾蓬松，尾长为体长之半。体黑褐色，颏白色，腹面有白斑，毛密而厚。适于水中活动。以鱼、鼠、蛙、蛇等为食。原产北美洲，是珍贵毛皮兽，可人工饲养。

水獭，半水栖。体长 70～75 厘米，尾扁平，约 50 厘米长。头扁、耳小、脚短，趾间有蹼。毛短而软密，背深褐色有光泽，腹毛淡。善游泳，以鱼、蛙及水鸟为食。每产 2～5 仔。分布全国各地。毛皮珍贵，肝入药，已人工饲养。

豹

　　金钱豹,体黄色,周身密布状似"古钱"的花斑,腹毛白,杂有黑点。栖息于多树的平原,喜伏树上,以草食动物为食。分布于亚、非等地。国内有南豹北豹之说,北豹色淡,斑显著,分布于长江以北。南豹色深,钱斑不明显,分布于长江以南。

　　雪豹,体长 1.3 米,尾长 0.9 米。毛长,灰褐色,躯干和尾部都有断续的环纹。该兽栖息在 3000～6000 米的高山峻岭中,多雌雄同居,夜间活动。以捕杀野羊、麝、鹿、兔以及鸟类为食物。分布于四川、西藏等地区。

　　云豹,体比金钱豹小,全身淡灰褐色,体侧有 6 个云形暗灰色斑纹,斑纹外缘黑色,后缘尤为显著,故名云豹。颈上有 6 条黑纹。尾上有十几条浅黑或棕色环带。栖居于热带、亚热带丛树中,常在树上活动,以树栖动物为食。分布于南方各省及四川、西藏地区。

狮子与老虎

　　狮,草原兽王。雄狮体魄健壮威武,体长约3米。头大脸阔,从头到颈有鬣。雌性兽较小,头颈无鬣。毛通常黄褐色或暗褐色,尾端有长的毛丛。栖息于树林稀少的沙地平原。通常夜间活动,主要猎杀有蹄类动物,如羚羊、斑马、长颈鹿等。每胎2～4仔。哺乳期近半年,2.5～3岁性成熟。分布于非洲、亚洲西部。

　　虎,森林兽王。头大而圆,体长可达2.9米,尾长1.1米。体呈淡黄色或褐色,有黑色横纹,尾部有黑色环纹。背部色浓,唇、颌、腹侧和四肢内侧白色,前额有似"王"字形斑纹。虎夜行性,择山脊高处而走,对山两侧情况了如指掌。从高处跳下悄然无声。善游泳。猎杀野猪、鹿、獐、羚羊等动物;有时不得已也伤害人类。每产2～4仔。分布于亚欧大陆。如东北虎,体大、毛淡,产于长白山、小兴安岭。

　　华南虎,体稍小,毛色浓,分布于长江流域以南。

海象、海马、海豹和海狮

海象，是鳍足目中最大的种类。雄兽体长 5~6 米，重约 3000 千克；雌兽体长约 3 米，重 900 千克左右。海象生活在海洋中，以小鲨鱼、乌贼、鱼等为食。繁殖期移居海岛。代表种有北海象和南海象。北海象雄兽鼻长如象，分布于美国和墨西哥西部沿海，北至阿拉斯加；南海象雄兽鼻上部皮肤呈囊状构造，能鼓起，分布于南半球海洋中。

海马，雄兽体长可达 3 米，重 1000 千克以上。头圆，无耳壳，嘴短而阔；上犬齿特别发达，宛如象牙突出吻端，用以掘食和攻防。四肢鳍状；后肢能弯向前方，借以在冰块或陆上行动。海马通常成群居于大块浮冰或海岸附近，以牙在泥沙中掘食贝类。4~6 月生殖，每产一仔。分布于北极圈内。

海豹，体长 1.5 米左右，背部黄灰色，布满暗褐色花斑。尾很短，前、后肢均呈鳍状，适于水中生活，后肢不能弯曲向前方。以鱼类为食，也吃甲壳类、贝类。繁殖季节生活在陆地或冰块上。分布于温带和寒带沿海，多在北半球。

海狮，体大，前后肢呈鳍状，后肢能转向前方以支持身体；有耳壳；尾甚短；体毛粗，细毛稀少。雄兽体长 2.5~3.25 米，雌兽较小。有的种类雄兽颈部有长毛如狮，故名海狮。该兽生活于海洋之中，以鱼、乌贼、贝类为食。繁殖期上岛产仔，每年一胎，每胎一仔。其中北海狮体最大，毛黄褐至深褐色，分布堪察加沿海；南海狮体褐色，肢黑褐色，分布美国西海岸。南美海狮体褐色。灰海狮雄兽头、颈黄色，分布澳大利亚。

象

　　这是陆地上体形最大的动物,是热带雨林中的巨无霸。现在陆地上仅存一属两种,即非洲象和亚洲象。

　　亚洲象又叫印度象,体高可达 3 米,皮厚毛稀,四肢如柱子,体形庞大,性凶猛。鼻与上唇愈合呈圆筒状,长鼻可吸水送入口中,也可用以摄食、搬运、驱赶昆虫侵扰。上颌门齿特长大,俗称象牙。

　　非洲象,雌、雄均有发达的象牙,性野,不易驯服。

　　大象离不开森林,因为它们以树枝叶和草类为食,尤其喜食果实,常成群闯入香蕉园、玉米田将果实一扫而光。它们生活在水源附近,每天都要到水边饮水,也常常把泥巴滚满身躯,目的是防止昆虫叮咬。

　　亚洲象温顺,如从幼时喂养驯化,能学会很多滑稽动作,被人们当成宠物,我国云南傣族和缅甸、泰国、印度都有饲养大象于家庭的习惯,可以帮助人们搬运重物。甚至有的把象奉为神明,对象顶礼膜拜。

　　西双版纳热带雨林中有个野象谷,野象已经发展到百头以上。旅游部门在野象出没的地方在树上建起空中长廊,供人们观赏大象。

野马与野驴

　　马的主要产区在内蒙古、新疆,其中蒙古马体小、体矮,耐力强,适于奔跑、快走,常被用作军马。新疆的伊犁马,体高而大,善奔跑,常被驯化为比赛用马,仪仗队用马。马大食量大,马小体力差,为适合拉车、犁地,人们培育身体适中,食量适中的各种役马,这就是分散于各家各户的农用马。

　　驴体小,食量少,饲料成本低。人们利用驴与马杂交产生骡,骡的优点兼备马与驴的长处,寿命也长于马与驴,所以千百年来,骡很受人们欢迎。除马、驴、骡外,这类动物要包括野马、野驴、斑马、貘和犀牛。

　　野马,体如家马,体长2米以上,肩高1～5米。耳小而短,鬃短而直,不垂于颈的两侧;尾有长毛,蹄宽而圆。夏季毛淡棕色;冬季毛色较浅,腹毛浅黄色。该兽栖于荒漠草原,性凶野,喜群居。我国主要分布于甘肃西北部、新疆及准噶尔盆地,由于这是世界仅存的野马物种,因此有重要的学术价值。

　　野驴,体比家驴大,耳比马耳长,尾根毛少,尾端似牛尾。夏季毛呈赤棕色,背部中央有一条杂有褐色的细纹,腹毛浅白。冬季毛色灰黄。生活在荒漠和半荒漠地带,视野宽阔,便于躲避敌害。耐寒、耐热力均强。能多日不饮水。性蛮悍,不易驯养。分布于我国内蒙古、青海和西藏。

　　斑马,体高1～3米。毛淡黄色,全身有黑色横纹,鬃毛刚硬。群栖。产于南非好望角山地,是非洲特产。

家猪与野猪

家猪被人类培育成体躯肥满，四肢短小，鼻面平直、耳大，毛粗的样子，适于人类的利用。家猪种类也多，毛色各异，尽管构造相

同，但形态变化较大。猪性温驯，不爱行动，嗜睡，易肥胖，生长快，对饲料不挑剔，成熟早，繁殖力强。一般幼猪5～12个月后便可以繁殖，一年平均两窝，每窝6～15头幼崽。寿命可达20年。

野猪，家猪的祖先。体长1～2米，高约60厘米，雄猪比雌猪大，体重可达250千克，体长可达2米。野猪头部细长，吻十分突出。四肢较短，尾细小，耳小而直立。全身被有硬的针毛。背上鬃毛竖立，十分发达，长约14厘米。犬齿发达，粗大锐利露出唇外向上翘，俗称獠牙。雌猪的獠牙不发达，一般不露出唇外。毛色一般为棕黑色或黑色，面颊和背部杂有黑白色斑毛。幼猪体色淡，近于黄褐，背部有六条淡黄色纵向斑纹。野猪栖于深山密林，喜欢在灌木丛和潮湿的高山草地活动，偶尔也见于林缘附近农田。夜间活动，多结群，以植物、小动物为食。每年5月产仔，每窝5～13只，通常6～8只。野猪除对林缘附近农田作物构成破坏外，不主动袭击人畜，但老龄雄猪往往单独行动，如遇挑战具有危险性。

犀牛与河马

犀牛,体粗大,吻上有角。毛极少,皮厚而韧,多皱襞,色微黑。以植物为食。现存五种,即印度犀、爪哇犀、苏门答腊犀、非洲犀和白犀。

白犀也分布于非洲,主要生活非洲南部。犀牛全身有用,肉可食、皮制革、角入药,具较高的经济价值和学术价值。

河马,体大型、半水栖。小耳朵大头吻宽而扁,眼凸出,门齿和犬齿均呈獠牙状,并终生生长,胃三室,腿短,具四指(趾)。河马又肥又重,成兽可达3~4吨。体长3~4米,皮肤裸露、黑褐色,仅尾端有少数刚毛。前、后肢与体长比显得短而粗,趾间略带蹼。该兽大部分时间把整个身体泡在水里,只露出两个鼻孔,有时露出眼睛和耳朵,样子很丑陋,但河马性温顺,以草和水生植物为食。妊娠期8个月,每胎只产一仔,偶尔产二仔。幼兽约5年才能成熟。分布于热带非洲的河流、湖泊地带。

骆 驼

骆驼又称沙漠之舟，在沙漠中长途跋涉优越于其他动物。

骆驼头小，颈长，身躯高大，毛色暗褐。眼为重睑；鼻孔可开闭。四肢细长，尾端有丛状毛。背部有肉峰一或两个，内部贮存脂肪，可转化为糖，在经过干旱无食物区域时，用以充饥。胃分三室，第一胃附生20～30个水脬，用以贮水，饱饮一次可多日不喝水，这是骆驼所以称为"沙漠之舟"，能忍饥耐渴的秘密。骆驼每年春季进入繁殖活动期，妊娠期约13个月，寿命可达30年。

骆驼性温驯但又十分执拗，顺其性子则百依百顺，逆其性子则反抗性很强。人们把它驯养在身边一则独行荒漠有个伴，二则骆驼识途不会迷路，三是可骑驼代步或以驼载物做远程运输。自古丝绸之路就是依靠骆驼来往穿过沙漠的，可见骆驼对人类长期以来就作出过巨大贡献。

现存骆驼有两种，一种为单峰驼，背部只有一个肉峰，这种骆驼多见于阿拉伯半岛、印度及北非洲。另一种就是双峰驼。与单峰驼比，双峰驼体大，四肢略显短。这两种骆驼所产生的杂种后代具有双亲的许多优点，很受人们喜爱。现存的野骆驼种群数量已经很少，处于濒临灭绝状态。

鹿

梅花鹿体长约 1.5 米，夏季毛色为栗红色，鲜艳夺目，有许多白斑，状若梅花，故名梅花鹿；冬季毛烟褐色，白斑不明显。颈部生有鬣毛。雄鹿第二年开始生角，以后每年增加一叉，5 岁后共分四叉为最高分叉。每年一胎，每胎一仔，偶有二仔。以植物为食，分布于东北、华北、华东、华南。

马鹿体长约 1.8 米，肩高约 1.5 米，体重 250 千克左右。雌鹿小些，雄鹿角最多八叉。夏毛赤褐色，冬毛灰褐色。夏季往山上活动，冬季下到平原密林中。群居。5~6 月生殖，每胎一仔。分布于长白山、兴安岭、天山等区域。

麋鹿，体长 2 米左右，肩高 1 米余。毛色淡褐，背部较浓，腹部较淡。雄有角二歧分叉，再二歧分叉、多回。角似鹿，头似马，身似驴，蹄似牛。故曰四不像。

驯鹿，一般肩高 1 米左右，雌雄都有角，分叉枝许多，甚至超过 30 叉。蹄宽大，悬蹄发达。尾极短。夏毛深褐，冬毛棕灰，颊部灰白或乳白，尾白色。以地衣、嫩枝、谷物、草等为食。性温和，鄂伦春族驯养为家畜。分布于大兴安岭西北部、北极圈附近。

驼鹿，又称罕达堪。鹿中最大者，体长 2 米以上，尾短，雄性有角，角横生成板状，分叉很多。颈下有鬣。体棕黄色，混有灰色；四肢下部白色。不成群，栖于森林区域内的湖沼附近。

羊

羊有多种,羚羊、山羊、岩羊等,它们生长在旷野或荒漠。如:

膨喉羚体长1米,重30千克左右,角黑色,角上有波浪形横嵴。颈细长,尾短,嘴角至眼眶有深棕色面纹,背灰黄,腹、臀均白色。分布于内蒙古、甘肃、新疆、青海和西藏北部。

蒙古羚又叫黄羊,体长1.3米,角短,角上有轮嵴,颈细长,尾短,肢细。体毛棕黄,腹毛白色。分布于内蒙古、甘肃、河北、吉林。

原羚体长1.1米,肩高60~66厘米,尾短,雄有角,先向上再向后方,末端又向上,角多棱,全身灰褐色,尾杂黑色。分布于西北、西南。

斑羚又叫青羊,体长1~2米,颔下无须,角小,黑色,角基生轮纹。颈粗短。毛松软而厚。冬毛灰黑或棕色,夏毛较暗,善岩间跳跃,可从山顶跳下。

扭角羚亦叫羚牛,体长2米,雌雄均具短角,被棕黄色或深棕色毛,眼周黑色。尾短。栖于3000米以上高山,以青草、嫩枝为食。分布于四川、云南。

山羊,体较狭,头长、颈短,角三棱形镰刀状。颔下有须,喉下有二肉髯。尾短上翘。毛粗直,多白色,亦有黑、青、褐等色。性活泼,喜登高。寿命约15年。

岩羊,体长1~2米。头长而狭,耳短小,角粗大。冬毛土黄褐色,两颊和腹毛白色。分布于西南、西北等地。

微 生 物

　　在生物界,微生物是一个独特的分支,它个体微小、数量多、种群庞大。它是自然界生态平衡和物质循环必不可少的成员,与人类的关系极为密切。

　　在自然界,微生物承担着分解有机物的重要角色,如果没有微生物,自然界就会充满动植物尸体,环境污染自不必说,物质循环也会因此中断。有机物不能分解,僵尸遍地,土地板结,人类也无处生存。

　　许多微生物是轻工业生产的重要原料,也是医药生产的重要原料。生产酱油、醋、酒、饮料、食品、味精、淀粉、氨基酸,生产各种药品、酶制剂,都离不开微生物。

　　自从人类认识了微生物并逐渐掌握了微生物的生物生态学特性以后,人们对微生物的利用就再也没有停止。小到家庭生活,大到工业生产,人们一刻也离不开微生物。发面蒸馍,做酱、酿酒,生产酒精、味素,制药生产抗生素……可以说,微生物推动了人类的文明和进步,改善了人类生活质量。

　　目前,微生物在解决人类的粮食、能源、健康、资源和环境等方面正日益显露出重要作用。现在已知微生物已经超过 10 万种,估计这不到微生物总数的 1/10。微生物的开发利用具有广阔的前途。

细　菌

细菌是工业生产及医药、国防工业的重要资源,生产酶制剂,生产氨基酸、核苷酸及细菌武器,都离不开细菌。细菌是一类细胞细而短、结构简单、细胞壁坚韧的原核微生物。细菌的细胞直径为 0.5 微米,长度为 0.5～5 微米。细菌是单细胞微生物,主要形态有球状、杆状、螺旋状,也叫球菌、杆菌和螺旋菌。球菌近球形或球形,又因细胞多寡分为双球菌、葡萄球菌、单球菌、链球菌、四联球菌、八叠球菌等。

杆菌细胞呈杆状、圆柱状。种类最多。如长杆菌、短杆菌、棒杆菌、梭状杆菌、双杆菌、链杆菌等。

螺旋菌,细胞螺旋状,种类不多,通常是病原菌,细胞壁较坚韧。

细菌除无性繁殖外,也能有性繁殖,其方式为有性接合,如埃希氏菌、志贺氏菌、沙门氏菌、假单胞菌和沙雷氏菌。细菌培养可在固体培养基上进行,也可在液体培养基上进行,但关键是菌种分离、提纯和培养基中要有充足的磷源、氮源。如枯草芽孢杆菌在 1% 葡萄糖营养琼脂试管穿刺培养表面生长物较厚,粗糙,呈褐色。主要进行有氧呼吸,以3- 丁二醇、羟基丁酮和 CO_2 为产物。枯草芽孢杆菌是生产淀粉酶、蛋白酶、核苷酸酶、氨基酸和核苷的重要菌种。

放线菌

放线菌对人类的贡献远远大于由它带来的不利，迄今为止，人类从放线菌中提取的抗生素已达 4000 种。著名的抗生素如金霉素、土霉素、链霉素、卡那霉素、庆大霉素等，都是放线菌家族的产物。利用放线菌生产维生素和酶，菌肥 5406、920，就是用链霉菌生产的。放线菌在甾体转化、烃类

发酵和污水处理等方面，也是不可忽视的菌种资源。放线菌是由分枝状的菌丝组成。菌丝大多无隔膜，所以仍属于单细胞。菌丝粗细与杆菌相近，大约 1 微米。细胞壁含胞壁酸、二氨基庚二酸，不含几丁质、纤维素，革兰氏反应阳性。菌丝又分基内菌丝、气生菌丝和孢子丝。

基内菌丝又叫初级菌丝体，功能是吸收营养物质。气生菌丝由基内菌丝长出培养基外，伸向空间，较粗，呈分枝状。孢子丝为繁殖菌丝，也叫产孢丝，是气生菌丝发育而成。孢子常带色，呈白、灰、黄、橙黄、红、蓝、绿色等。成熟孢子颜色是菌种鉴定依据。

菌丝体尤其孢子丝形态各异，有直的、弯曲丛生的、成束的、单轮生无螺旋的、原始螺旋的、钩形的、松螺旋的、紧螺旋的、螺旋单轮生的、无螺旋双轮生及螺旋两级轮生等。菌落由菌丝体组成。

放线菌的代表有链霉菌等，约 1000 种；诺卡氏菌等，约 100 种；放线菌，约 30 种；链孢囊菌，约 15 种。

蓝细菌

　　这是体内含有叶绿素，能进行光合作用的一类微生物，由于它没有叶绿体，细胞壁与细菌相似，细胞核没有核膜，所以科学家们仍然把它们归属为原核微生物。也有人叫它们蓝藻或蓝绿藻。

　　蓝细菌分布广泛，地球上几乎所有生境都能找到它们的身影，土壤、岩石、池塘、湖泊、树皮上，乃至80℃以上的温泉、盐湖，都有蓝藻生长。蓝细菌形态差异较大，有球状、杆状的单细胞体，也有丝状聚合体结合细胞链。细胞大小从0.5~60微米不等，多数为3~10微米。当许多个体聚集在一起时，可形成肉眼可见的群体。在其生长旺盛时，可使水的颜色随藻体颜色而变化。如铜色微囊藻，在水中大量繁殖时，形成"水华"，使水体改变颜色。蓝细菌生长条件简单，很多种类有固氮作用，多数为光能生物，能像绿色植物一样进行产氧光合作用，能同 CO_2 同化成为有机物，所以，它们是属性光能自养型微生物。蓝细菌对环境的较强适应能力来自菌体外面色着的胶质层，既可保持水分又可抗御风沙干旱。比如保存了87年的葛仙米标本，移到适宜的环境中仍能生长。

　　蓝细菌以裂殖方式进行繁殖，也可出芽繁殖，产生孢子的情况极少。

立克次氏体

立克次氏体是由美国病理学家 Howard Taylor Ricketts 首先描述的，人们为了纪念他，于 1916 年将这类病原体称为立克次氏体。这是介于细菌与病毒之间，又接近细菌的原核微生物。

立克次氏体的特征为形态杆状，球形，大小为 0.2～0.5 微米，0.3～0.5 微米×0.3～2 微米。不能透过细菌过滤器(热立克次氏体除外)。随寄主和发育阶段不同，常表现出不同的形态变化，出现球状、双球状、短杆状、长杆状甚至丝状。它细胞结构像细菌，有细胞壁、细胞膜，革兰氏染色阴性。细胞壁含有胞壁酸和二氨基庚二酸，有拟核，核糖体，含双链 DNA 和 RNA。细胞内含有蛋白质，中性脂肪、磷脂和多糖。

立克次氏体是专性活细胞内寄生微生物，除五日热立克次氏体外，均不能在人工培养基上生长繁殖。它以虱子、蚤等媒介，寄生在它们的消化道表皮细胞中，通过叮咬和排泄物传播。立克次氏体对热、光、干旱、脱水及化学试剂敏感，但能耐低温。对磺胺及抗生素敏感，对干扰素不敏感。它是斑疹伤寒、羌虫病及 Q 热的病原体。

支 原 体

它是介于细菌与立克次氏体之间的一类原核微生物。1898年被发现,1976年才被确定其分类地位,是一类新型微生物。

支原体是已知的可自由活动的最小生物,细胞呈球形,最小直径0.1微米。有的丝状,长短不一,长的可达150微米。

支原体不具备细胞壁,只有细胞膜,细胞柔软,形态也似变形虫一样不固定。它能通过孔径小于自身的细菌过滤器。革兰氏染色阴性,细胞膜类似于动物细胞,含有固醇。细胞膜厚7～10纳米,由三层组成,内外层均为蛋白质,中层为类脂和胆固醇,具有拟核,基因组比大多数原核生物小,是大肠杆菌的1/5～1/2。支原体的菌落像"油炸鸡蛋"一样,中间厚颜色深,并陷入培养基中,边缘平坦,较薄且透明,颜色也浅。

它不受抑制细胞壁合成的抗生素影响,如青霉素、环丝氨酸环境照样生长,但对干扰蛋白质合成的土霉素、四环素敏感,对溶菌酶、干扰素不反应。

支原体广泛分布在土壤、污水、温泉等环境中,以及寄生昆虫、脊椎动物及人体内,大多数腐生,极少数为致病菌。可引起胸膜炎、肺炎。

衣 原 体

衣原体更小,介于立克次氏体和病毒之间,能通过细菌过滤器,专在活细胞寄生。过去曾认为它是大病毒,后来研究发现它与细菌更接近,归属于原核类微生物比较合适。

衣原体比立克次氏体稍小,但形态相似,球形,直径 0.2～0.3 微米。结构上有细胞壁,细胞壁含胞壁酸和二氨基庚二酸,革兰氏反应阴性。

衣原体是专性活细胞内寄生,在寄主细胞内的发育繁殖具有特殊的生活周期。在代谢中能合成大分子有机物。但缺乏产能系统,依赖宿主获取氨基酸,这是它与立克次氏体的主要区别。

衣原体不需借助媒体能直接感染鸟类、哺乳动物和人类。如鹦鹉热衣原体,玩鹦鹉的人会直接感染鹦鹉热病,导致人死亡。沙眼衣原体是人类沙眼的病原体。

衣原体不耐热,在 60℃下 10 分钟即被灭活。但它不怕低温。冷冻干燥可保藏数年。对碘胺类药物和四环素、红霉素、氯霉素等抗生素敏感,对干扰素敏感。衣原体的繁殖以裂殖方式进行。

霉　菌

霉菌与酵母菌同属于真菌界。凡是在营养基质上能形成绒毛状、网状、絮状菌丝体的真菌，通称为霉菌。霉菌属藻状菌纲、子囊菌纲和半知菌纲。

自然界霉菌分布很广，与人类生活关系也极为密切，如传统发酵做酱、酱油、豆腐乳，酿酒，都是通过霉菌发酵使蛋白水解。近代发酵工业中，霉菌被用来生产酒精、柠檬酸、乳酸、衣康酸、抗菌素中的青霉素、灰黄霉素、植物生长激素中的赤霉素、杀虫农药中的白僵菌以及酶等。

有害霉菌也会给人和动植物带来疾病，如黄曲霉毒素致癌。

霉菌由菌丝构成，菌丝相互交织形成菌丝体。菌体丝是营养体，菌丝由细胞壁、细胞膜、细胞质、细胞核及各种内含物组成，包括线粒体、核糖体和细胞器。菌丝的粗细、组合的紧密程度、长度等都随种类不同而不同。如青霉素的菌落呈放射状。

根霉，藻状菌纲毛霉目根霉属，有假根，假根用以固着，并吸收营养。根霉属于单细胞生物，菌丝无分隔，具弧形匍匐菌丝。长到一定阶段，菌丝在与假根相对位置生出孢囊梗，顶端形成孢子囊，内生孢囊孢子。

毛霉，藻状菌纲毛霉目毛霉属。外形毛状，单细胞，菌丝无隔，多核。菌丝有分枝，有单轴式、假轴式两种类型。毛霉分解蛋白能力强，可用于制作腐乳。其糖化能力强，可用于酒精和有机酸发酵原料的糖化和发酵。

病　毒

病毒是世界上迄今为止最小的生物，也是最小的微生物，它们没有细胞结构，但是有遗传、变异等生命特征。它们能顺利地通过细菌过滤器，只有在电子显微镜下才能观察到它们的形态与构造。它们只能在寄主体内活细胞内生长繁殖，每种病毒都有特定的专一寄主，很少交

叉感染。由于它们没有细胞结构，所以实际上它们是被有机膜包着的蛋白质及核酸大分子。对一般抗生素不敏感，但对干扰素敏感。

病毒分布广泛，几乎所有生物都可以感染病毒。通常有三类：植物病毒、动物病毒和细菌病毒(也称噬菌体)。已经发现的人类病毒有300多种，脊椎动物病毒有931种，昆虫病毒有1671种，植物病毒有600余种，真菌病毒有100种，而噬菌体少说也有2850种。

病毒大小以纳米表示，一般为100纳米以下。动物病毒为球形、卵形或砖形。痘病毒最大。为200～350纳米×200～250纳米，近于支原体。最小的口蹄疫病毒，直径仅10～22纳米，相当于血红蛋白分子大小。植物病毒多为杆状、丝状、球状。如苜蓿花叶病毒长约58纳米，甜菜叶病毒长约1250纳米，烟叶病毒300纳米。噬菌体呈蝌蚪状、微球形、丝形。

藻　类

藻类同高等植物一样,机体内富含叶绿素,还含有许多其他辅助色素,科学家们就根据所含色素的不同,细胞结构的不同,生殖方法、生殖器官及繁育方式的不同把它们分门别类地归纳起来,这就是蓝藻门、眼虫藻门、金藻门、甲藻门、黄藻门、硅藻门、绿藻门、轮藻门、褐藻门以及红藻门的由来。

藻类是孢子植物的一部分。在植物中它属于低等植物。它不开花,不结果,没有根、茎、叶。藻类一般都相当微小,其中部分种类需借助显微镜才能看到,但有一部分海生藻类体型较大。

藻类的繁殖有两种方式:一种为无性生殖,分裂、出芽都可以产出新的个体;另一种为有性繁殖,产生同形或异形配子以及卵和精子,通过同配、异配和卵式生殖产生新个体,繁衍后代。

藻类植物为单细胞、群体或多细胞组成的机体,构造简单,主要分布在淡水和海水中,绝大部分没有离开水生环境,只有少部分生活于陆生环境,如土壤、岩石、树干等处。藻类很重要,是宝贵的自然资源,也是人类生产生活中时刻都不可缺少的,同时也是生态系统的有机组成部分。

江河湖海中的藻类是鱼类的主要饵料。藻类是人类的高级食品、补品,如海带、紫菜,有些则是药用和工业用的原材料,如鹧鸪菜、石花菜。

褐藻类

海带属褐藻门、海带科。藻体载色体褐色,所以海带呈褐绿色,革质,富含褐藻胶。一般长2~4米,最长可达7米。藻体分固着器、柄和片状体三部分,固着器叉状分枝,用以附着在海底岩石上,防止被海水冲走。柄部短粗,圆柱形,紧挨固着器。片状体狭长,带状,故名海带。

海带适宜于低温环境,在太平洋北部黄海、日本海及日本北方四岛海域生长旺盛。由于其碘含量高,又富含各种营养成分,海带已成为人们补碘的重要食品。它可用来提取褐藻胶、甘露醇等,具有相当大的经济价值。

昆布也有叫黑菜、鹅掌菜的,还有叫海带的,叫海带显然有误。昆布也是褐绿色,分固着器、柄和尾状体三个部分,革质。不同的是昆布高约1米,比海带矮小;片状体不是狭长而是具有多个缺刻像羽状,片中央不像海带那样有中肋,它片状体厚而宽,羽状分裂,边缘有粗锯齿,表面有皱纹。昆布生长在急流、水质较肥水域。分布于我国福建、浙江沿海,亦产于朝鲜、日本。

裙带菜,裙带菜也属褐藻门,翅昆布科。藻体呈褐色,长约2米。

鹿角菜,褐藻门,鹿角菜科。特点是藻体重复分叉,高6~7厘米,新鲜时呈橄榄黄色,干时呈黑色。圆锥形。分布在北部沿海,生于潮带岩石上。

此外还有马尾藻、羊栖菜、海蒿子等,都是食用、药用以及工业用原料。

红 藻 类

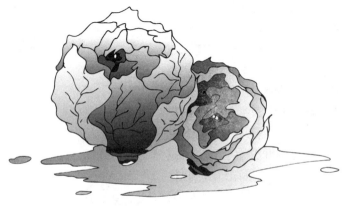

红藻类因其颜色呈紫红、红、褐、绿等,而大多数呈红色而得名。

红藻体内含有叶绿素、类胡萝卜素和藻红素,个别种类含有藻蓝素。与褐藻一样,营附着生活,不产生游动细胞。体型不大,绝大多数种类为多细胞,构造比较复杂,藻体呈片状、丝状、带状或树枝状。贮藏食物主要为红藻淀粉。生殖方法:产生孢子和异形配子,都不具鞭毛。雌性生殖器官叫果胞,上有一延长部分,叫受精丝。精子不游动,随水流漂至果胞,与受精丝接触,进行受精。多数种类有世代交替现象。

红藻类以较暖海域为自己生长环境。本门中如紫菜、麒麟菜等是食用佳品;鹧鸪菜可供药用;石花菜、江蓠等可制取琼脂,用于微生物培养及食品、制药等工业;有些种类可提取胶性物质,用作浆纱和造纸。

硅藻

硅藻门是藻类植物中工业用途极其特殊的一门,由于它们大多数的单细胞生物,即使是集成单细胞群体的个体也不大。硅藻是水生动物的食料,维持着水域生态系统的生态平衡。而硅藻死后的用途更大,硅藻的细胞壁硅质,细胞死亡,细胞内容物分解变空,剩下的细胞壁沉积到水底成为硅藻土层,亿万年后人们开发出这些硅藻土可以用来生产绝热、填充、磨光等材料。比如磨光材料,由于它颗粒小,细腻,可以磨制水洗布,可以用来美容磨光皮肤。轻工业生产中用硅藻土做过滤剂,在食品生产中以其滤除液体中的沉淀物。同时,大量的硅藻土又是生产耐火材料的原料,具有较高的开发与应用价值。

硅藻的细胞中载色体呈金褐色,除含有叶绿素外,还含有叶黄素、胡萝卜素以及褐色的硅藻类。细胞壁含有果胶和二氧化硅(沙子的成分)、质的坚硬,常常由套合的两瓣组成,并有呈辐射对称或左右对称的花纹。细胞内贮藏食物主要为油类。

羽纹藻主要分布在淡水中如沟塘、湖泊、人工水库等静水环境,是浮游生物之一,为鱼类及无脊椎动物的食物。沉积的羽纹藻死后细胞壁也是硅藻土的主要成分。

真 菌

真菌的菌体由单细胞组成，有的由单细胞发育成多细胞菌丝，大多数菌丝能发展成子实体。子实体就是我们吃用的部分，如蘑菇的柄和帽或伞，木耳的肉质"叶片"。

真菌不具叶绿素，不能自制营养，靠从基质或寄主体内吸取营养而生长、发育，营寄生或腐生生活。有些真菌与藻类共生形成地衣类植物，这是真菌中的特化现象。

真菌的繁殖有多种多样方式，借孢子繁殖，进行同型配子、异型配子或卵式生殖的有性繁殖均有。高等真菌中则形成了囊孢子和担孢子。

已知的高等真菌不少于 6000 种，其中可食用的约 600 种，药用的更多。我国的高等真菌大约有 400 种可供食用，200 多种可供药用，约占真菌种类的 1/10。

真菌共分四纲，即藻菌纲、子囊菌纲、担子菌纲和半知菌纲。其中担子菌纲占绝大多数，其次是子囊菌纲、半知菌纲和藻菌纲。

担子菌与子囊菌的主要区别在于有性阶段孢子产生方式不一样：担子菌有性孢子着生在担子上，像灵芝、银耳、猴头、香菇和牛肝菌等；子囊菌有性孢子着生在子囊内，如虫草、竹黄、羊肚菌等。

冬虫夏草

冬虫夏草也叫虫草,亦属子囊菌纲,麦角菌科。虫草上百种,是因麦角菌侵入昆虫后在昆虫体内发育长出的子实体。麦角菌生活于土壤里,昆虫越冬后钻入土壤而感病,翌年的虫子变成了虫草子实体。因子实体细长如草,故名冬虫夏草。由于昆虫越冬时不同虫种越冬虫态不一样,有以卵越冬的,有以成虫越冬的,有以蛹越冬的,还有经幼虫越冬的。不论哪种虫态都有被麦角菌感染致病的可能,因此,冬虫夏草的形态也千差万别。

通常说的冬虫夏草是产于四川、云南、西藏、甘肃、青海的青藏高原上,在高山草地上有一种昆虫叫蝙蝠蛾,它以幼虫在土里越冬,因此,这种冬虫夏草墨绿色,子实体长15厘米左右,虫子僵硬,如同虫子叼着一棵草。

但东北的长白山有一种半翅目昆虫成虫被感染后长出的虫草是橘红色,虫子是长翅的成虫。有的从蛹身上长出的子实体叫蛹虫草。也许人们认为青藏高原产的冬虫夏草正宗。因为它绿色,与草同色,尽管深绿浅绿有所不同,但毕竟是绿,故叫草是对的。而其他虫草色不绿,虫子不是幼虫。往往就以为这不正宗,其实大错而特错了。它们不但都是名副其实的虫草,而且成分差别也不大,入药作用俱佳。只是在人工培养过程中青藏高原产的这种冬虫夏草尚未过关。但其他种类的虫草,人工培育绝无问题。

木 耳

担子菌纲，木耳科，木耳属。本属约四种，即木耳、毛木耳、毡盖木耳、褐毡木耳。

木耳子实体具有弹性、胶质、中凹、呈盘形或耳形，干后收缩强烈。子实层光滑或略带皱纹，棕褐色，干后呈褐色。外面有短毛，青褐色。孢子无色，光滑，呈长方形或圆柱形。生长在柞树、楸子、榆树、椴树等阔叶树的腐木上，密集丛生。为东北著名山珍食品。

毛木耳子实体胶质，初时为浅杯形，渐变耳形或叶形。干后软骨质，大部平滑，基部常有皱褶，直径为10厘米左右，干后收缩强烈。子实层生里面，平滑或稀有皱纹，紫灰色后变黑色。比木耳绒毛长，无色，仅基部褐色，常成束生长。孢子无色、光滑，圆筒形。生长在柳树、桑树、洋槐等树干、倒木或腐木上。丛生，可食。

毡盖木耳，子实体平伏或半平伏，常覆瓦状叠生，半胶质，较硬，边缘波状，稍有浅裂。半圆或扇形。直径5~15厘米。表面松软，有污白色与深褐色至黑褐色的同心环纹，绒毛层厚约1毫米。绒毛不分叉，无隔、无色，只是基部浅黄色，互相交织形成非胶质层。子实层生于下面，胶质，干后脆骨质，暗褐色，干后黑褐色，平滑，有网状皱纹。生长在柞树、榆树、杨树、胡桃楸等阔叶树的枯立木、倒木或伐根上。可食。

银 耳

银耳类有三种,即银耳、茶耳和金耳。

银耳,子实体纯白色,半透明,宽 5~10 厘米,由薄而卷曲的瓣片所组成。担子近球形,约 12 微米×10 微米,无色。孢子近球形,6 微米×6 微米左右。干燥后呈淡黄色或黄色。银耳生于半枯或全枯死的栓皮栎等树上,性喜温暖、湿润、通风良好的生境。生长在我国四川、贵州、湖北、福建等山林之中。目前已人工栽培。银耳美味可食,子实体入药,性平、味甘,功能滋阴润肺,主治虚劳咳嗽、痰中带血等,是名贵补品。

茶耳,子实体由宽而薄的瓣片所组成,锈褐色,呈透明状。子实体宽 4~10 厘米,干后近黑色,角质。茶耳生于腐木上,可食用。分布在吉林、青海、安徽、广西和海南等地。产量已很少。

金耳,又名黄金银耳,比银耳更名贵。子实体不规则状,似脑形。呈不规则的皱卷,基部狭窄,从树皮缝隙间长出,宽约 4 厘米,高 0.3~3 厘米。胶质,干后基本保持原来形状及颜色,干后呈软骨质。菌肉柔软多汁,黄金色,半透明。子实层生于脑状突起表层,担子梨形,纵向分隔。孢子球形或卵圆形,无色,光滑。味美珍稀,山珍中上品。

猴头菌

猴头属有三种,即猴头菌、小刺猴头、假猴头。

猴头菌,子实体肉质。一年生,团块状或头状,直径5~20厘米,鲜时白色,干后米黄色或浅褐色。无柄或有柄极短。子实层生于刺的周围,刺密集而下垂,长针形1~3厘米长。孢子无色光滑,球形或近球形。含油滴4×6微米左右。猴头生境苛刻,专生于蒙古栎的活立木或倒木上,可引起木材海绵状白色腐朽。猴头不但营养丰富,味道鲜美,被誉为东北林区的山珍,而且菌体内富含各种生物碱、有机酸及微量元素,可提取多种有效成分,对人体祛病、健康十分重要。分布于吉林、黑龙江、云南、四川等地。

小刺猴头,猴头中的一种。子实体为多数分枝形,呈密集的团块状。基部窄,无柄或柄极短,鲜时色泽纯白,直径7~10厘米,比普通猴头小。老化时渐渐变为烟灰色。子实体上长满小刺,上部刺扭曲,下部刺直。刺长10~20毫米。菌肉白色,呈海绵质富有弹性。孢子短卵形,无色或白色,径约6.5微米×5微米。小刺猴头生长在柞树、槭树的活立木、风倒木上。分布在黑龙江、吉林、河北。

假猴头,子实体肉质,白色或淡黄色。从基部多次分枝,互相缠绕,密集成团,直径为5~20厘米,最后的小枝纤细,伸向周围。刺长1~6毫米。孢子无色,平滑,椭圆形,近卵圆形或近球形,内含一油滴。生于柞树等阔叶树枯立木或倒木上,可食。分布在吉林、黑龙江、四川、云南。

灵 芝

别名灵芝草。这是一种充满神奇彩色的真菌,有许多关于它的美好传说。其实,在自然界它就生长在阔叶树的木桩、原木、立木和倒木上,只是越在深山老林、虎蛇出没、人迹罕至的地方,生态环境越好,子实体发育也愈旺盛,那里的灵芝成色自然好。灵芝外形像公鸡的火红鸡冠,菌盖半圆形、扇形或肾形,赤褐色、赤紫色或暗紫色,具有油漆一样的光泽。有环状棱纹和辐射状皱纹。大小不一,小者3厘米×4厘米左右;大者10厘米×20厘米,厚0.5~2厘米都常见,特大者可达半米直径。菌盖边缘稍薄,有波状起伏。全缘。菌肉木栓质,白色至淡肉色。菌管单层,长0.5~1.5毫米,1毫米间4~5个,管口近白色或淡褐色,干后褐色。

松杉灵芝,这也是一种灵芝,外观上不像灵芝那样好看,但颜色相同。菌盖也是扇形、半圆形、肾形,大小为7~18厘米×5~14厘米左右,厚1~3厘米。基部更厚,初期黄锈色,后变成红褐色或紫红色,光滑,并有黏性,有油漆样光泽的皮壳,但无环纹,边缘薄,全缘,干后稍内卷,或平截有棱纹。

木灵芝,又名树舌。多年生,菌盖无柄,半圆形或肾形,盖面扁平,又叫扁木灵芝。小型约15厘米×10厘米;大型有80厘米×30厘米者;一般为25厘米×18厘米,厚15厘米左右。盖面灰色,有褐色孢子粉,有同心棱纹;有大小不等疣或瘤。

侧 耳

亚侧耳科，亚侧耳属。别名:元蘑、黄蘑。菌盖扁半球形，有的半圆形或肾形，盖宽 3~12 厘米，盖面黄绿色或带褐色，黏，有短绒毛。边缘光滑，初期内卷，后反卷。菌肉白色、厚、柔软。菌褶延生，白色或淡黄色，幅宽。菌柄侧生，很短或无。被有绒毛或鳞片，淡黄色，常有黑褐色斑点;柄长 1~2 厘米，粗 1.5~3 厘米。孢子印白色,孢子无色。

金顶蘑，侧耳属。又名榆黄蘑。子实体丛生或叠生，佛手黄色。菌盖草黄色至鲜黄色，光滑，漏斗形，边缘内卷。盖宽 3~10 厘米。菌肉白色，菌褶密，延生，不等长，白色。菌柄侧生，基部连接，内实，白色;长约 3~11 厘米，直径 0.5~1.5 厘米。孢子无色，光滑，圆柱形。生长于夏、秋季节的榆树等枯立木、风倒木上。鲜美可口，具香味，富营养。

侧耳，又名黄蘑、元蘑、冻蘑。子实体肉质，丛生或叠生。菌盖扁半球形，平展后呈扇形或半圆形，扁平，低压，宽 5~15 厘米。菌褶湿润，很黏，幼时青灰色或黑褐色，老熟后暗黄色。盖面有细鳞片，缘薄，平坦，稍内卷，微开裂。菌肉厚，白色，皮下带灰色，柔软。菌柄短，侧生，长 1~3 厘米，粗 1~2 厘米，白色，中实，基部有毛。菌褶延生，在柄上交织，白色、淡黄色或黄色。幅宽，褶缘有齿裂。孢子光滑无色，近柱形。生长于晚秋的椴树、山榆、槭树等活立木基部或倒木上。美味可食。

松 蕈

松蕈,别名松口蘑,真菌中珍品,价格昂贵,产量很少。菌盖幼时球形,渐半球形,展开后呈扁半球形。中央扁平。盖宽5~15厘米,盖面干燥,湿润时黏,有纤维状鳞片,盖缘内卷,呈肉桂色至红褐色,中央色深。菌肉厚,始为白色,后呈淡褐色。生长环境苛刻,秋季生长于赤松、红松、落叶松、黑松林地,围绕树根形成蘑菇圈,往往一个蘑菇圈需要几十年时间方能形成。子实体单生或群生。分布在吉林、黑龙江。

密环菌,别名榛蘑。子实体丛生或群生。菌盖扁半球形,渐平展,中央低压。菌盖面干,湿润时黏,盖面蜜黄色、黄褐色或栗褐色,有毛鳞,中央多。光滑。生长于夏、秋季节针阔树根部或干基部。味道鲜美,可食。分布在吉林、黑龙江、河北、内蒙古等地。

冬菇,别名,金钱菌,金针菇。子实体肉质,丛生,幼时扁半球形,后平展盘状,径2~7厘米,浅黄褐色,边缘乳黄色并有细条纹,较黏。菌肉白色,薄。菌褶白色,乳白色或肉色,弯生,稍密,不等长。

地 衣

组成地衣的真菌多数是子囊菌，少数是担子菌；藻类则常常是简单原始、单细胞的蓝藻和绿藻。

藻类制造有机物，而真菌则吸收水分并包被藻类，两者相互依靠，以互利的方式相结合。地衣具有一定的形态、结构，能产生一类特殊的化学物质如多种地衣酸，并有一定的生态习性，这一点又是真菌与藻类所不具备的，因此，地衣应单独归为一类，是一个独立的植物类群。

地衣能生活在各种环境，特别能耐干、耐寒，在裸岩悬壁、树干、土壤以及极地苔原的高山寒漠都有分布，是植物界拓荒的先锋。可以认为，没有地衣类首先占领各种生境，就不会有现在植物这种多样性分布，也不会有植物种类的多样性。

根据地衣外部生长状态，可以分为壳状地衣、叶状地衣、枝状地衣和胶质地衣四大类。这四大类地衣除对自然环境有重要影响外，少数种类可供食用，是人与动物的特殊食料；多种地衣可提供染料、香料；有的是制取试剂和抗生素的原材料。

代表种有扁枝衣、地茶、松萝、石蕊、石耳等。

蕨 类

　　蕨类在高等植物中进化地位仍然处于原始、低级阶段,但确是兴旺一时,创造了亿万年繁荣的植物群落。过去管这类植物叫羊齿植物,每种植物的体形都高大粗壮,如鳞木、封印木、科达树,高达几十米。那时不但植物高大,动物也高大,如恐龙。当然,现在这部分植物早已灭绝了,但由它们的化石形成的煤,至今仍然为人类做着巨大的贡献,我们还真要对这些植物刮目相看。

　　现存的蕨类植物大部分为草本,木本已经不多。孢子体虽然有根、茎、叶的区别,但不具有花,也没有果,繁殖仍然依靠孢子,这一点又是低级类群的明显特征。无性世代占种内优势。根据它们的形态特点和结构差别,人们将它们分成四个纲,即松叶蕨、石松、木贼和真蕨,四纲大约有1.2万种,我国约有2600种,大多部分分布于长江以南。

　　蕨类植物可食用,如蕨、紫萁等;可药用,如贯众、海金沙等,石松等是工业原料。

瓶尔小草

真蕨是蕨类植物门中最大的一纲，也是相对进化、发达的一个类群。叶大型。孢子囊常集生成堆，生于叶的背面、边缘或特化的孢子叶上。有性世代为叶状体。

真蕨又以孢子囊壁的薄厚，形态构造的差异分为厚囊蕨和薄囊蕨。代表种如著名的长白山珍稀植物：瓶尔小草。

瓶尔小草，又名一支箭。瓶尔小草科，多年生小型草本。根茎短小，肉质。叶单一，长卵形。孢子囊集合成孢子叶穗，具长柄，由叶的基部生出。生长在阴湿草地，分布于华东、华中、西南、东北各地和欧、亚、美洲各大陆。全草入药。治蛇伤。

莲座蕨，莲座蕨科，多年生草本，高达2米以上。根茎矮粗，块状。叶大，二回羽状复叶。生长于南部和西南部。种类较多，常见的有福建莲座蕨。根基含淀粉，可食。

紫萁，紫萁科。以往误称为薇。多年生草本。根状茎短，不被鳞片，叶丛生，幼叶向内拳曲，有营养叶和孢子叶之分，二回羽状复叶，小羽片三角形板针状。生于溪边、林下，适生酸性土壤。分布于长江流域以南各地。

银 杏

银杏俗称白果树、公孙树。其果实是著名中药白果，亦可食用，是银杏科植物的典型代表。

银杏，落叶高大乔木，可长成千年古树。银杏树有长枝和短枝之分，叶扇形，在长枝上螺旋状散生于枝条周围；短枝上的叶呈簇生状，叶脉清晰，色稍浅。银杏雌雄异株，种子核果状，呈椭圆形或倒卵形，外种皮肉质，有白粉，成熟后淡黄或橙黄色。

按进化时间而言，与银杏同期生活的大多数植物已经灭绝，而银杏却一枝独秀，繁衍至今，可谓奇迹。在科学上，把这些早应灭绝却依然存在的植物叫孑遗植物，是远古遗留下来的名副其实的活化石，所以又显得格外珍贵。

银杏为我国特产，辽宁以南普遍栽培，特别是古刹、深山，它们长得枝繁叶茂，高大的一树占地盈亩。近年由于气候变暖，银杏的生长区域，显著北移了。

中药白果，即银杏种仁，既可入药又可食用，但不可大量食用，多食可中毒。外种皮可栲胶，叶入药有治心脏病的作用。银杏木质细腻，色浅黄，是建筑、雕刻和工艺品制作的优良材料。

红 松

　　红松是松科植物中最优良的用材树种,为常绿大乔木。由于红松子是食用佳果,民间又有果松称谓。红松高可达 40 米。枝干挺拔,枝繁叶茂。小枝有绒毛,叶针形,五针为一束长在小枝上,针长而坚硬,直而不扭曲。球果卵形圆锥状,种鳞先端向外反卷,球果俗称松塔,每个松塔含几百粒种子。松塔长在松树顶部,分布于枝梢先端,每丰产一次相对间歇两年,故松子产量有大小年之分,大年丰产丰收,小年减产歉收。

　　红松耐寒,但适生腐殖质丰富的土壤,幼苗时喜欢在其他树的遮阴下,生长缓慢,后期待与同林分内的其他树木同高时,开始争光争营养、水分,进入速生阶段很快超过林中其他树木独占鳌头。在针阔混交林中,红松往往处于上层林木地位。

　　红松材质优良,纹理笔直,耐腐性强,软硬适度,是最优良木材之一。红松子为木本粮油中含营养最丰富的树木果实之一,价格昂贵,价值极高。红松绿化园林,树形优美,气味芳香,是森林浴的好去处。

落叶松

　　长白落叶松，又叫朝鲜落叶松，黄花松，是落叶乔木，树高可达30米以上。叶线形，柔软，先端钝或梢尖，长1.5~2.5厘米。背面有气孔线。球果卵状椭圆形，长1.5~4.5厘米，成熟后褐色，种鳞背部有瘤状毛，苞鳞不露出。分布于我国长白山区及牡丹江流域，朝鲜北部。常生于潮湿山谷，形成黄花松甸子。该树速生，材质坚硬，是建筑、用材等的优良树种。树枝可制栲胶。

　　兴安落叶松，落叶乔木，树高可达30米。小枝不下垂，一年生。枝淡黄色，基部常具长毛。叶线形，长1.5~3厘米，上面中腺不隆起。球果卵形，黄色，长2.2~2.5厘米，种鳞卵形，先端截形或凹形，背部露出部分无毛、苞鳞不露出。产于我国大兴安岭，小兴安岭。常形成纯林。该树喜光、耐寒，具有速生性。材质优良、用途广泛，是桥梁、建筑、坑木、家具的好材料，是榨油、制栲胶、油脂和造林绿化的好树种。

　　华北落叶松，落叶乔木。高可达30米，叶线形，扁平，中脉不隆起，长2~3厘米。球果长椭圆状卵形，长2~3.5厘米，下部苞鳞露出，上部的不露出。产于我国山西五台山、管涔山和河北小五台山的上部。其材质坚实耐用，可供建筑、木桩、制栲胶、取树脂，造林绿化等用。

雪松、罗汉松

雪松、罗汉松枝条舒展，树干如龙蛇，叶碧绿欲滴，深受人们喜爱。雪松，常绿大乔木，枝轮生，横展，小枝下垂。叶在长枝上散生，在短枝上多枚簇生，针形，有三棱角，刚强，尖锐。雌雄同株或异株。球果椭圆形，长8~12厘米，鳞片多枚，各有两枚种子，种子具翅。产于我国西藏南部的喜马拉雅山。

雪松是南方各省城市绿化的优良树种，树姿优美，整株苍绿灰白，南京的雪松是国内绿化的胜景。中山陵上的大雪松挺拔茂密，把陵园装点得庄严肃穆，格外有气氛。雪松种子可榨油，供工业用。

罗汉松，又叫土杉。罗汉松科。常绿乔木。叶广线形，长7~10厘米，宽5~8毫米。初夏开花，雌雄异株，雄花圆柱形，3~5个簇生在叶腋。雌花单生在叶腋。胚珠一枚。种子卵圆形。核果状，下部有肥厚、肉质、暗红色的种托。产于我国长江以南各地及日本。

变种小叶罗汉松，灌木，小枝密，向上伸长，叶较短窄，长2~7厘米。产于我国长江以南各地。为观赏植物。木材可供建筑、制器具等。

巨杉、红豆杉

巨杉，高大常绿乔木，是当今地球上最大的植物。其树高可达 100 米，树干周长可达 30 米。树龄最长者超过 3000 年。这是真正的"巨无霸"，树皮特厚，呈海绵质。枝平展。叶呈卵形，披针形，长 3~6 毫米，在主轴上的叶长，可达 12 毫米，上面凹，下面凸，有两条气孔线，先端尖。球果卵状圆柱形。种子两侧有宽薄翅。产于美国加利福尼亚州。该
树不耐阴，生长快。播种、插条皆可繁殖。其木材可供建筑、绿化等用。

红豆杉又称东北红豆杉。紫杉科。常绿乔木。长成的小枝红棕色。冬芽鳞片背部有棱脊。叶二列式，线形，不弯曲，长 1.5~2.5 厘米，有显著的叶柄。花腋生，雌雄异株，雌花仅有胚珠一个，下托鳞片数枚。种子卵形，具 3~4 棱，围有红色杯状假种皮。

紫杉产于东北，分布于东北亚。另一种红豆杉分布于甘肃东部、湖北西部、四川。该树最耐阴，散生林中，生长很慢。木材坚硬致密，淡赤色，有弹力，宜制家具，种子可榨油，枝、叶、皮可提取紫杉醇，是治癌药物。

白豆杉，常绿灌木。小枝近对生或近轮生。叶线形，下面有两条白色气孔带。雌雄异株。种子单生叶腋，卵圆形，有白色杯状假种皮。为我国特产的单种属植物。产于浙江南部、江西西部及广西。

水杉、银杉

水杉,落叶大乔木,高可达 35 米,胸径 2～3 米,树皮剥落或呈薄片。侧生小枝对生。叶线形,扁平,长 10～17 毫米,交互对生,成两列式。冬季,叶与侧生小枝同时脱落。球花单性,雌雄同株。雄球花对生于分枝的节上,集生于枝端,此时枝上无叶,故全形呈总状花序或圆锥花序状。雌球花单生于小枝顶上,此时小枝有叶。球果下垂,近四棱球形或圆短筒形,长 18～25 毫米。种鳞通常 22～24 个,交互对生,木质、盾状,基部楔形,顶端扩展,各有 5～9 种子。种子扁平,周围有翅,长 5 毫米。产于我国湖北利川市和重庆市万州区及石柱县。该种植物一直被认为已经灭绝,是 1945 年一次偶然机会被发现的,又称为孑遗植物。现在已经被广泛引种栽培,分布江南各地。水杉喜光,喜潮湿土壤,速生,树形优美,叶片独特,材质优良,用途广泛,是我国特产,十分珍贵。

银杉,高大常绿乔木。枝平列,小枝有毛,叶两型,生长枝上的放射状散生,长 4～5 厘米,短枝上的叶几乎轮生,长不到 2.5 厘米,但两型叶皆线形,叶下面有两条白色气孔带。

球果长椭圆卵形,长 3～5 厘米,种鳞 13～16 个,圆形至卵圆形,长 1.5～2.5 厘米,上面有两个种子,各有长椭圆形薄翅。产于广西龙胜及重庆市南川区金佛山。此种植物是 1956 年才开始发现,属我国特产,稀有树种,木材供建筑、造船等用。树形美观,可绿化供人观赏。

121

木 兰

　　木兰，有数种，既有落叶小乔木，也有落叶小灌木。叶倒卵形或倒卵状长椭圆形。早春时叶没出花先开，花大，外面紫色，内面近白色，微微带有香气。果实似玉兰，聚合为蓇葖果，球果状。木兰产于我国中部，有悠久的栽培历史。干燥的花蕾入药，性温、味辛，功能散风寒、通鼻窍，主治头痛、齿痛。

　　玉兰，落叶小乔木。叶倒卵状长椭圆形。早春先叶开花，花大型，芳香，纯白色。果为蓇葖果，球果状。产于我国中部，栽培经久，观赏用。

　　广玉兰，又叫荷花玉兰，洋玉兰。常绿乔木。叶卵状长椭圆形，厚革质，上面光亮，下面被暗黄色毛。夏季开花，花大型，白色，芳香。果实似玉兰。原产美洲，我国长江流域以南各地均有栽培。可供观赏，花含芳香。

蔷 薇

玫瑰，落叶灌木，茎密生锐刺。羽状复叶，小叶 5~9 片，椭圆形或椭圆状倒卵形，上面有皱纹。夏季开花，花单生，紫红色至白色，芳香。原产我国，栽培历史悠久，供观赏。可由花提取芳香油，为高级香料。花及根人药，有理气活血、收敛作用。

月季花，低矮小灌木，常见木本花卉，有刺，或近无刺。羽状复叶，小叶 3~5 片。夏季开花，花数朵同生，偶单生，深红至淡红色，偶白色，萼片边缘稍有羽状分裂。月季为我国名花，有悠久的栽培历史，供观赏。品种经培育极多，花色也千变万化。分布遍及全国各地，花、根人药，拔毒消肿，治烫伤。

黄刺玫，落叶灌木，园林及庭院绿化的重要树种。小枝有刺。羽状复叶，小叶 7~13 片，广卵形及近圆形，先端钝，边缘有锯齿。夏季开花，花单生、黄色、重瓣、单瓣及半重瓣都有。直径约 4 厘米。分布主要在我国北部，野生或栽培。果可酿酒，花可制玫瑰酱。

紫檀与黄檀

紫檀和黄檀是豆科植物,由于它们的材质优良而驰名于世,它们的主要特点是材质坚硬而细致,比重大。果实像豆角,属荚果类。

紫檀,常绿乔木。奇数羽状复叶。蝶形花冠,黄色、圆锥花序。荚果扁圆形,周围有广翅。分布于亚洲热带。木材红棕色,坚重细致,一立方米重达13千克。通称"红木",可制优质家具及乐器。树脂或木材入药,治疮毒。

黄檀,落叶乔木。奇数羽状复叶,小叶互生,倒卵形或长椭圆形,先端微凹。夏季开花,蝶形花冠、黄色,圆锥花序。荚果长椭圆形、扁薄,有1~3个种子。分布我国中、南部各省。

紫檀、黄檀这些年来被砍伐严重,近山已经几乎绝迹,只有在深山老林中尚能找到大径级古树。所以,保护紫檀、黄檀这类优良树种早已提到人们的日程上来。

124

冷　杉

杉树属杉科，与松不同之处是叶短，树干油脂不如松类发达，干通常比松树直，材质比松树软，代表种如冷杉、云杉、油杉、沙松、臭冷杉、鳞皮冷杉、黄杉、铁杉、鱼鳞云杉，红皮云杉、紫果云杉、天山云杉、川西云杉等。

冷杉，常绿乔木。小枝平滑，有圆形叶痕。叶线形，扁平，上面中脉凹下。球果单生于叶腋处，形大，直立，多为圆柱状卵形或圆柱形；种鳞木质，成熟后脱落。该树耐阴性强、耐寒，喜凉湿气候。如生长在长白山的冷杉，都与云杉混生于暗针叶林，分布于海拔 1700 米以上，我国有冷杉 22 种，主要分布于东北、华北、西北、西南及台湾的高山上。材质轻松，可供建筑、电杆、造纸、火柴杆等用。可做绿化树种。

油杉，常绿乔木。叶呈二列式，线形、扁平，上面中线隆起，下面有许多平行的气孔带。雌雄同株。球果直立，圆柱形，长 8～18 厘米，直径 4.5～6.5 厘米，种鳞近圆形或广圆形。上部宽圆或截圆形。种子顶端具翅。分布于我国浙江、福建、广东、广西等地。木材坚实耐久，可供建筑及枕木、坑木、家具用。

臭冷杉，也称白松。常绿乔木。叶线形，长 1.5～2.5 厘米，在叶枝先端微凹，在球果枝上先端锐尖，叶上面深绿色，下面有白色气孔带。球果圆柱状长卵形，长 4.5～9.5 厘米，熟时褐色，种鳞肾形，苞鳞不露出，或尖头微露。分布于我国东北小兴安岭、长白山及河北小五台山等地。多生于阴湿山坡。

板　栗

板栗,落叶乔木,高可达 20 米。无顶芽。叶呈椭圆形,疏生刺毛状锯齿。初夏时开花,花单性,雌雄同株;雄花呈直立柔荑花序。壳斗大,球形,具密刺。坚果 2~3 个,生于壳斗中。板栗坚果可食,被誉为木本粮油,其淀粉和糖含量极高,营养丰富。与板栗同类植物很多,其中有代表的如:

山毛榉又名水青冈。落叶乔木,高达 25 米。叶卵形,长 1~15.5 厘米,有疏锯齿。初夏开花,花淡绿色,雄花序头状,雌花序柄长 3~6 厘米。

栲山毛榉科,栲属。如红栲、毛栲、罗芙栲都是著名的亚热带树种。红栲又叫刺栲,常绿乔木,叶呈椭圆状披针形或披针形,常常全缘、下面密被褐色鳞状毛,叶柄长 6~12 毫米。春季开花,雌雄花同株。果穗长达 10 厘米。总苞球形,毛栲又称南岭栲,叶长椭圆形,比红栲大,基部心形,下面密被灰白色鳞毛,叶柄长仅 2~3 毫米。产于我国东南部。

甜槠,常绿乔木,高 20 米左右。树皮暗灰褐色,缘裂。叶革质,卵形,长 5~10 厘米,下面绿色,无色,全缘或上部有疏钝齿。花单性,雌雄同株,雄花排列呈柔荑花序,直立,雌花单生于具短刺的总苞内。坚果卵形。分布于我国长江以南各省。

青冈栎常绿乔木,高达 20 余米。叶长椭圆形或长椭圆卵形,边缘中部以上有粗锯齿,下面有白粉及平伏细毛。花单性,雌雄同株,雄花的柔荑花序细长而且下垂。坚果卵形,生于具 5~7 个圆环的杯状壳斗中,产于我国长江流域及以南各地。青冈栎材质坚实,耐湿,供建筑、造船、车辆、机具等用,亦可制白炭,种子可食。

香樟、玉桂、鳄梨

香樟,常绿乔木。叶互生,卵形,上面光亮,下面稍灰白色,近基部出三大脉。初夏开花,花小型,黄绿色,圆锥花序。核果小球形,紫黑色。广布于我国长江以南各地,以台湾为最多。适应于丘陵及平原的酸性土壤。植物体全体有樟脑香气,可防虫蛀,亦可提取作樟脑和樟油,供工业及医药业用。樟木材质坚硬、纹理美观,适合打制家具,可经久耐用。特别是由樟木制作的衣箱,可防虫蛀,是绿化、用材的好树种。另有臭樟,叶椭圆形或椭圆状披针形,较前种叶为大,7~15厘米。产于云南、四川、湖北等地,用途同前。

玉桂,樟科。又称肉桂、牡桂、筒桂。常绿乔木。叶对生、革质,长椭圆形,基出三大脉。夏季开花,花小型,白色,圆锥花序。果实球形,紫红色。产于广东、广西、云南。亦见于越南、缅甸和印尼。木材纹理直,结构细,可制家具。树皮极香,入药功在温肾阳,祛寒止痛。

鳄梨,樟树科,常绿乔木,高约10米。叶革质,椭圆形卵形,羽状脉。花小,淡绿色,聚伞花序或圆锥花序。果球形或倒卵形,浆果状,黄绿色或红棕色。果实含油量达20%左右。原产于中美洲。我国广东、台湾即产。

127

紫 荆 花

羊蹄甲，又名紫荆花，豆科，落叶乔木。叶圆心形，顶端两裂、钝头，酷似羊蹄，故而得名。夏秋之交开花，排列呈伞房花序，花瓣白色，其中一片有黄绿色或暗紫色斑点。荚果条形，扁平。主要分布华南一带。

皂角，豆科，落叶乔木，高可达 30 米。有粗壮分枝的刺，偶数羽状复叶，小叶 3~7 对，长卵形至卵状披针形，边缘有细钝锯齿。春季开黄白色花，杂性，总状花序腋生。荚果带状，棕黑色，肥厚。分布于黄河流域及以南各地。木材坚实，宜做家具。荚果富含皂质，可制皂，荚、子、刺入药，主治中风口噤、癫痫等症。

红豆树，乔木。羽状复叶，小叶 5~7 片，近革质，长椭圆形，全缘，下面灰白色。春季开花，蝶形花冠，白色或淡红色。种子光亮，长 1.5~2 厘米，红色。荚果木质，长椭圆形，长 4~6 厘米，种子 1~2 枚。分布于我国中部，木材坚重，红色，花纹美丽，材质优良。

128

龙眼与荔枝

无患子科植物有 140 属，约 1500 种，广布于热带及亚热带。我国有 24 属，约 41 种，各地均产，但以西南及南部地区为多。代表种有龙眼、荔枝、栾树、文冠果等。

无患子，落叶乔木。偶数羽状复叶，小叶椭圆状披针形，全缘。夏季开花，花小型，淡绿色，圆锥花序。核果由一分果所成，球形，黄棕色。

龙眼，又称桂圆。常绿乔木。偶数羽状复叶，小叶 4～6 对，长椭圆形，革质，光滑无毛。圆锥花序，花小，花瓣黄色。果实球形，壳淡黄或褐色。假种皮(俗称果肉)鲜时白色。原产亚洲热带，我国以两广最多，再就是福建。树冠繁茂，树形优美，常一丛数棵，亦可作防护林。材质好，造船、雕刻皆可。

荔枝，常绿乔木，高可达 20 米。偶数羽状复叶，小叶长椭圆形或披针形，革质，侧脉不明显。圆锥花序，花小，绿白或淡黄色，无花瓣。果尖心形或球形。果皮具鳞斑状突起，鲜红色、紫红色、青绿色或青白色。假种皮鲜时半透明凝脂状，多汁、味甘美而有佳香。产于两广、福建、四川、云南、台湾。

韶子，又名红毛丹。常绿乔木。偶数羽状复叶，小叶常 2～3 对，椭圆形至长椭圆形，全缘。花小，雌雄异株，圆锥花序。果实椭圆形至椭圆状球形，密被软刺，红、黄或橙色，干时黑褐色。刺长 1 厘米以上，锥形，顶端钩状。假种皮半透明，多汁、味酸甜，优良果品。产于印度、马来西亚和我国广东、云南。

杜 鹃 花

杜鹃花科，因杜鹃在此科而得名，一般为灌木，即使是乔木也是小乔木，有的是草本。单叶、常互生。花两性，常辐射对称。花萼宿存。合瓣花冠，4～5裂，呈漏斗形、钟形或壶形。雄蕊从花盘基部发出，常为花冠裂片的二倍，很少同数，花药具有尾状附属物，顶上孔裂至全面纵裂，花粉形成四合体。子房有上位也有下位，2～5室。果实为蒴果、浆果、核果。杜鹃科约82属，2500种左右，分布极广。我国约14属，大约700种，全国各地均有分布。

杜鹃花，又称映山红，半常绿或落叶灌木。叶互生，卵状椭圆形。春季开花，花冠呈阔漏斗形，红色，2～6枚簇生枝头。产于我国长江以南各地。由于花冠美丽，开时满山遍野十分好看，近年人工栽培较多，经培育品种众多，花色亦多，几遍全国各地。

牛皮杜鹃，常绿小灌木，高10～60厘米，茎橙色，枝斜压，老枝灰色，枝皮剥离，有黑色鳞片，当年枝绿色，生长条毛。芽卵形，单叶生，叶倒卵状长圆形至披针形，长3～6厘米，宽1～2.5厘米，尖端钝，茎部楔形，全缘，顶生伞形花帘，花黄，白色生于长白山苔原带。

夹竹桃类

此科有草本、灌木或乔木，直立或为藤本状，体内含有乳汁。单叶对生或轮生，少互生，全缘，无托叶。花两性，辐射对称，单生或呈顶生或腋生的聚伞花序，花萼五深裂，合瓣花冠五裂，裂片回旋状排列，喉部常有毛。雄蕊五枚，着生于花冠管上，花药常呈箭形。子房上位，由两心皮组成，结合两个蓇葖果，有的种类果干燥或肉质，为核果或浆果。种子常有翅或顶端有柔软的种毛。夹竹桃科约有200属，含2000种之多，主产地热带地区。我国有37属，110种以上，分布东南、西南一带。代表种鹿角藤、杜仲藤、萝芙木、羊角拗、罗布麻、夹竹桃、长春花等。

长春花，又称日日草，一年生草本。叶对生，长圆形。夏秋开花，花淡红或白，花冠高脚碟形。原产我国东部，现分布广东、广西、云南、长江以南各大城市多有栽培。供观赏。全草入药，有抗癌作用。

黄花夹竹桃，常绿灌木或小乔木，小枝微垂，富含乳液。叶互生，线状披针形，边缘下卷，表面光泽。夏秋开花，花大，黄色，有香气，聚伞花序顶生。核果扁三角状球形，熟时黑色。原产美洲，现南方广为栽培，品种花色甚多，为城市行道树和北方温室花卉。种子有毒，但可制杀虫剂。

落羽杉与南洋杉

落羽杉，也叫落羽松。落叶大乔木，高达50米。这是仅次于巨杉的高大植物。树皮鳞片状。有沟。小枝绿色，后变为淡褐色，小枝和叶均互生。叶线状披针形，长1~1.5毫米，淡绿色，背面黄绿或带白色，将落叶时变为橙褐色。果呈球形或倒卵形。原产于北美洲，目前我国江苏、浙江、安徽、江西、湖北、湖南、广东也有。其材质优良，用途广泛。

柳杉，常绿乔木，树高可达40米。叶略呈五行排列，锥形，微向内弯曲。球果近圆形，每一种鳞有两枚种子。种子窄长，两侧有翅。产于我国长江以南各地区。该树喜肥、喜光，幼龄期耐庇荫宜于林下。木材轻软、细致，易加工，不易受虫害。是建筑、电杆、桥梁、机械、造船、造纸绿化的好树种，好材料。

南洋杉，常绿乔木。枝轮生开展，有树脂。叶互生，覆瓦状排列，锥形、卵圆披针形，坚硬。花通常雌雄异株，雄花序顶生或腋生，大型，圆柱状；雌花序卵圆形或球形。球果大、木质，果鳞破碎脱落；种子无翅，附着果鳞上。喜温湿，播种或扦插繁殖。

柏 树

　　台湾扁柏,常绿大乔木,高可达40米,胸径3米。树皮淡红褐色。枝平展,叶枝扁平,叶鳞形,先端钝尖。球果圆球形,直径9~11厘米,种鳞8~10个,顶端有尖头,每一种鳞都有两枚种子。种子扁,两侧有窄翅。产于台湾中、北部高山,组成单纯林。

　　柏,又称垂柏,为常绿乔木,高可达30米。小枝细、下垂。叶鳞形,小型,先端锐尖。球果球形,种鳞盾形,木质,成熟时开裂,每一种鳞具5~6粒种子。种子小,两侧有窄翅。产于我国华东、中南、西南、甘肃东部、陕西南部。

　　福建柏,常绿乔木。小枝扁平,排列在一个平面上,如同复叶,叶交互对生,鳞形,紧贴枝上,下面被白霜。叶光端圆形。福建柏是柏中最好看,小叶最大的类型,绿化庭院深受人们喜爱。球果形如球,直径约15毫米,各鳞5~6对,盾形,镊合状排列,各有两枚种子。种子具大小不等的两个翅。产于我国浙江南部、福建、江西、湖南、广东、广西、贵州、云南、四川等地。

　　桧,常绿乔木,高可达20米。树冠圆锥形。叶有鳞形及刺形两种。雌雄异株,有时同株。球果翌年秋冬成熟,近球形,肉质。产于黄河流域和长江流域。幼龄耐阴,寿命长达数百年,木材淡黄褐色至红褐色,细致、坚实、芳香、耐腐。枝叶入药,根、干、枝叶可提润滑油。

百合科

百合科,植物多数为多年生草本,地下有根茎、鳞茎、球茎和块茎等。茎直立或呈攀缘状。叶丛生或互生、对生、轮生于茎上。花常两性,各部为典型的三出数;花被片通常六枚、两轮,离生或部分合生,有的大而美丽;花单生或排列成各式花序。子房上位。果有蒴果、浆果。本科有220属,3500种以上,广布于温带和亚热带。我国约60属,500余种。各地均有分布。代表种有葱、蒜、韭、洋葱、百合、黄精、贝母、玉簪等。

吊兰,多年生草本,常绿。叶丛生,线形,中间有白色带状条纹。从叶丛中抽出细长柔韧下垂的枝条,顶端或节上萌发嫩叶和气生根。夏季开花,花白色,疏散总状花序。原产非洲南部,现广为栽培。

知母,多年生草本,具葡萄根茎,横生,常半露于地面上,外面密被黄褐色纤维状叶鞘分裂物。叶丛生,线形。花茎出自叶丛间,顶生总状花序,夏季开花,花白色,具淡紫色条纹。蒴果三角状卵圆形。分布我国东北、西北和华北。根茎入药,主治热病烦渴,肺热咳嗽。

芦荟,多年生草本。叶基出,簇生,狭长披针形,边缘有刺状小齿。夏秋在茎上开花,花黄有赤色斑点。产于热带非洲。

龙血树,高大木本。叶剑形带白色,密生枝端,花绿白色。浆果橙黄色。原产大西洋,寿命可达6000年。

石 蒜 科

石蒜科,
本科植物多为
草本,多年生,
地下通常具一
被薄膜的鳞
茎,也有根茎。
如水仙。叶茎
生, 少数, 条
形。花两性,单
生或数朵呈伞
形花序,生于

花茎顶端,下有一总苞,通常由二至多枚膜质苞片构成。花被片六枚,
呈两轮,花瓣状,美丽,下部常合生成长短不一的管,裂片上常有附属
物。子房三室,下位。果实为蒴果或浆果。此科有 65 属,860 种之多。我
国约有 9 属,30 余种。

水仙,多年生草本,鳞茎,叶扁平,阔线形,先端钝。冬季抽花茎,近
顶端有膜质苞片,苞开后放出花数朵,伞形花序,白色花,芳香,内有黄
色杯状突起物。产于浙江、福建。现已广泛栽培各地。

龙舌兰,多年生草本,叶丛生、肉质、长形而尖,边缘钩刺。十余年
后自叶丛抽出高大花茎,顶生无数花朵,花谢后植株死亡。原产热带美
洲,后引入我国。

剑麻,多年生草本,叶剑形,大而肥厚,放射状聚生茎顶。原产亚热
带,后传入我国。

兰 科

一般为多年生草本，是著名的花卉和中药材，如君子兰、天麻、白及、手掌参、石斛、春兰等。

手掌参，多年生草本。块茎肉质，4~6裂，形状像手掌，因而得名，通常两枚。茎直立，具叶4~7枚，叶片长圆形葱尖，基部抱茎。穗状花序顶生，花淡红色或淡红紫色。蒴果长圆形。种子小。分布高寒山地，在东北长白山主要长在海拔2000米以上的高山苔原带。入药作用似人参。

天麻，多年生腐生直立草本，全株无叶绿素，地下有肉质肥厚的块茎。地上茎直立，黄赤色，节上有膜质鳞片。夏季开花，花多数，形成一稠密的兔状花序。花冠歪壶状，黄色。生长在阴湿株冠下。分布于我国东北、四川、湖北及西北等地，是重要的中药材。

春兰，多年生常绿草本。根簇生，肉质，圆柱形。叶线形、革质。早春由叶丝间抽出多数花茎，顶开一花，花淡黄绿色。为我国栽培历史悠久的盆栽观赏植物之一。常见的还有建兰、墨兰、葱兰，君子兰亦属此科，更是名贵花卉。

人

人是生物进化的高级产物，是地球上一切生物中最聪明、最进步、最高级的智能生命体。

比如，人能用大脑思索，能用手制作工具。人能设计各种工具，能通过劳动改造自然服务于人类本身，能设法提高自己的生活质量等。所有这一切，都客观地证明：人类是一切其他生命类群不可比拟的类群。因此，把人类单独划归一类，单独进行分类、研究是理所当然的。

从猿到人的进化，首先出现在非洲。以后的进化过程是原始人向世界扩散、迁移和不断演化的过程。大概经过类猿人、古人，到了新人的时候，原始人已经出现在世界各地。

地球上地域广阔，自然条件千差万别，在长期适应过程中，便形成了不同肤色、不同形态和习性的各类人种。人类学就是研究不同人种，不同种类的人类，研究其在体质特征上、生活习性上的差异，找出不同人种的差异形成的规律和理论依据。

人类社会已经进入了生物工程时代，生物科学日新月异，突飞猛进地向前发展，许多新概念、新知识、新技术每日每时都可能出现在我们面前。了解了人类学的发展现状，了解了古代生命科学的发展，才能更好地为社会服务。

类人猿

　　类人猿，亦像人的那种猿。说它像人，不仅说它形态构造像人，行为特征也与猿类有较多的区别，同猿比它们进化了。比如猿中的长臂猿、猩猩等，都是类似人的猿猴。在动物分类上，人们习惯于把它们归属为灵长类。类人猿与普通猿类有什么重要区别呢？

　　首先，它们在体质特征上已经与人类比较接近，比如具有相对复杂的大脑；消化系统中有位于大小肠交界处盲肠上的蚓突；骨骼中胸骨发达，宽阔而扁平。这些特点都不同于普通的猿猴，应该说它们更进化了，更接近于人类了。

　　其次，它们还没有尾巴，没有臀疣(除长臂猿外)，也没有颊囊。这也是它们有别于普通猿猴的重要方面。

　　从解剖学角度来分析，可以认为这类猿猴是介于猿猴与早期人类之间的动物类型；从进化角度分析，几乎毫无疑问，它们是向早期人类或类猿人进化与发展的典型代表。

　　正因为如此，科学家们把类人猿作为人类起源的开始，它是人类起源的见证，是从猿向人进化的第一阶段。

古猿

古猿，这是类人猿的主要代表，种类有森林古猿和南方古猿。

森林古猿是以森林为依据活跃在森林环境中的一类古代类人猿。它们生活在树上，以植物的嫩叶、果实以

及昆虫等动物植物为食。喜欢群居，集体迁移或觅食。与现代大猩猩一样，每一群中都有年龄较大，身材高大凶悍的雄性来做"首领"，维持着群体的生活与繁衍。

从古植物学研究和古猿化石年代分析中，不难推测：森林古猿生活在距今 500 万～2000 万年以前的古代热带森林之中，当时的森林十分繁茂，树木高大，野果丰富，这有利于森林古猿的栖息和繁衍。

我国于 1956 年，在云南开远发现了 10 枚古猿牙齿，当属森林古猿。后来专家们将这些化石定名为开远森林古猿化石，应该是正确的。

南方古猿大约活跃在距今 67 万年前的新生代，实际情况可能比推测的还要长，有人认为一直到距今 250 万年前的新生代，都是古猿兴盛的年代。

古猿的兴盛保证了早期类人猿的种群数量，庞大种群是其扩散、伸延的基础，这给类人猿的分布及种群延续，准备了客观的种源条件。

类 猿 人

猿人是像猿一样的人类,是最早的人类,类猿人。他们活跃的时间距今 50 万~60 万年以前,地质年代属于更新世早期和中期。

猿人从体质形态上比较接近人,但仍然有许多比较接近猿的地方,如头盖骨低而平,颅腔缩小,骨壁很厚、眉嵴特别粗大,颏部后缩等。

猿人与猿的区别更在于猿人已经学会制造简单的工具,火把还是用火、熟食,在山洞或河岸居住,能够采集植物和猎捕动物。猿人的代表如北京猿人、爪哇猿人。

北京猿人,也称中国猿人。1927 年在我国北京周口店龙骨山洞穴内发现。从出土化石看,当时的地质年代属于距今 40 万~50 万年以前的更新世中期。第一个头盖骨是 1929 年 12 月发现的,经古生物学家裴文中鉴定。

爪哇猿人是 1891 年由荷兰人杜布瓦在印尼中部特里尼尔发现的,这是世界上发现最早的猿人化石。化石推测,爪哇猿人活跃时间也是更新世中期,这是与北京猿人吻合的。其形态特征也与北京猿人接近。只是颅骨最宽处接近颅底,眉嵴屋檐状,脑容量仅 900 毫升。

除北京猿人、爪哇猿人外,人们又相继发现了元谋猿人、蓝田猿人、阿特拉猿人、辟尔唐人等,这些都是猿人的见证,说明在不同地域,进化在同步进行,这正是以后地球上出现不同人种的原因所在。

古 人

古人是比猿人更进化一步,但比新人又原始、低级,是介于猿人与新人间的一类早期人类。

从化石发掘的地质年代推测,古人活跃时期应该在距今10万~20万年前的更新世晚期。这时已经属于旧石器时代中期 —— 莫斯特期。

最早出土的古人化石是1856年在德国杜赛尔多夫尼安德特河流附近洞穴中发现的安德特人,也叫尼人阶段。

从安德特人的特征看,古人的体质特征:脑容量大,男女平均为1440毫升;眉嵴发达,前额倾斜,枕部突出,颜面很长,眼眶圆而大。

马坝人,地质年代应属中更新世末或晚更新世初。所发现的化石为不完整的头骨。其形态特征:额骨向后逐渐倾斜,较现代人低,比北京猿人高;眉嵴粗壮,眉嵴后面的额骨呈部分收缩,似猿人;鼻骨同猿人以及尼安德特人相似,远比现代人宽阔;头骨骨壁也较猿人薄,头骨高度也小。

捷什克 —— 塔什尼人,是1938年在乌兹别克斯坦发现的古人头骨、股骨、胫骨、腓骨、肱骨、髂骨和椎骨化石。其体质特征是:脑容量大,为1490毫升;眉嵴显著,额骨倾斜,头盖骨不高颏隆凸缺乏,这说明当时在中亚已经有古人存在。

新 人

新人比古人进化,比现代人原始,是现代人以前,古人以后的早期人类。新人生活时期距今约 10 万年。完整的新人化石是 1868 年首先在法国南部克罗马努山洞中发现的,又称克人阶段。

新人的特征是头骨高而长,额部垂直,眉嵴微弱,颜面广阔,眼眶低而短,眶间距离较窄,鼻狭,脑容量大,身材高大。

新人化石特征更接近现代人,这些化石发现于欧洲、亚洲、非洲和大洋洲各地。新人已经能够精制石器和骨器,爱好绘画、雕刻;营渔猎生活。

中国的河套人,发掘于内蒙古自治区鄂尔多斯市乌审旗萨拉乌苏河岸沙层中,发现时间是 1922 年,河套人活跃年代应为更新世晚期。

山顶洞人是中国又一新人化石,据认为这是蒙古人种的祖先,1933 年在北京周口店龙骨山山顶洞穴内发现。共八个。形态特征为头骨粗、属长头型;额部倾斜,眉弓发达、眼眶低矮,梨状孔宽阔;下颌骨颏孔位置较低,靠后。出土器物表明,山顶洞人已能够制作骨器、石器、装饰品、如石珠、穿孔砾石、兽牙,工艺制作已相当进步。

柳江人,即 1958 年在广西柳江县通天岩洞穴中发现的新人化石。应属更新世晚期。头骨适中,面部、鼻部短而宽。眶部低宽、眉嵴显著,额骨和顶骨较现代人扁平。这以后,在中国北方也陆续出土了一些新人化石,证明中国曾是新人的故乡。